情商训练
仅需 10 天

王长江 著

速成自学教程

吉林出版集团有限责任公司

图书在版编目（CIP）数据

情商训练仅需10天 / 王长江著. -- 长春：吉林出版集团股份有限公司，2017.8（2024.1重印）

ISBN 978-7-5581-3143-1

Ⅰ.①情… Ⅱ.①王… Ⅲ.①情商—通俗读物 Ⅳ.①B842.6-49

中国版本图书馆CIP数据核字（2017）第214518号

情商训练仅需10天

QINGSHANG XUNLIAN JINXU 10 TIAN

作　　者：	王长江
责任编辑：	何　武　杨　帆
封面设计：	苏　涛
开　　本：	787×1092　1/16
字　　数：	280千字
印　　张：	17.75
版　　次：	2018年1月第1版
印　　次：	2024年1月第3次印刷
出　　版：	吉林出版集团股份有限公司
发　　行：	吉林音像出版社有限责任公司
地　　址：	长春市泰来街1825号
邮　　编：	130062
电　　话：	0431-86012906
发行科：	0431-86012770
印　　刷：	三河市金元印装有限公司

ISBN 978-7-5581-3143-1　　　　定价　45.00元

前 言

与情商低的人交流是一种什么样的体验

前段时间，有个关系很好的女性朋友和她男朋友吵架了，让我帮她分析分析他们到底还能不能相处下去。

我和她认识的时间并不是很长，许是因为投脾气，关系还不错。感觉她比较善解人意，身边的朋友都觉得人还是很好的，是那种知书达理的人。可就是不知道怎么的，她和男朋友最近经常闹矛盾，不是吵架就是赌气。她讲述和她男朋友吵架的原因：自己和前男友分手一年多了，有了现在这个男朋友，彼此感情总体还好，是奔着结婚去的。可是，渐渐地她发现男朋友感情越来越冷淡，因为她男朋友总觉得他们之间一直有个第三人存在。这倒不是她男朋友多心，而是的确如此，那个人就是她的前男友，因为她总是有意无意就会提起前男友，而且总是拿他们两个人比较。结果每次比较的结果就是她现在的男朋友一身缺点。后来，她男朋友发现她还存有前男友的所有联系方式，包括电话、微信、QQ等，在威胁要和她分手的情况下，她终于"删除"了。然而让人难以理解的是，她仅仅只是把手机号删除了。这次她男友发现她并没有完全删除前男友的联系方式，决定彻底要和她分手了。她觉得男朋友实在是小题大做，可又舍不得分手，于是就向我请教来了。

于是就有了下面的对话：

我："你爱自己的男朋友吗？"

她："爱！"

我："你是不是决定以后和他结婚呢？"

她："是的！"

我："那么，你为什么不删了你前男友的联系方式呢？"

她："我又没和他联系！"

我："和他联不联系是一回事，删不删除是另一回事。既然你男友都这么强烈地要求了，而且按理说也并不过分，你为什么不删了呢？"

她："我觉得没有必要啊！"

我："怎么就没有必要了？这件事影响了你们的感情啊！"

她："我觉得我不删，也没有什么啊，我又不和他联系！"

我："既然没什么，你为什么不能删了呢？"

她："我就觉得没有必要，再说了，就是我删了，我还是能记住啊，你总不能让我把心里的东西也给删了吧！"

在那之后很长一段时间里，这段对话我们重复了很多遍，最终我选择放弃。结果她还是不依不饶，还缠着我让我帮她解决她和她男朋友之间的问题。

我只能和她说："你男朋友确实有不对的地方，他不该干涉你的私生活。"我这句话刚说完，她就打断我说："我就说吧，都是他在小题大做，一点都不理解我。"我接着说："你说得没错，不过你不舍得与他分手，那只有你做出让步，包容他的缺点，你们才能够继续走下去。"那次谈话之后，她就没再缠着我了。再次遇到她的时候，她说和男朋友分手了，她说自己做出了让步，但是这件事已经影响到了他们之间的感情，所以只能选择分手。我也只能在心里默默地祝福她，希望她以后能够学会包容别人，也希望她可以遇到一个能包容她的人。

这事完了之后，我又仔细思考了很多问题：第一，情商低的人能不能知道自己的情商低？第二，情商低的人有没有什么办法来提高自己的情商呢？第三，与情商低的人聊天应该避免哪些问题……

我们首先来看一个耳熟能详的故事：有一个人为自己的孩子办满月酒，邀请了很多亲戚朋友。酒桌上，主家将孩子抱出来让大家看看。亲戚朋友齐夸赞这个孩子，有的说这个孩子长得漂亮，有的说胖嘟嘟长得真可爱，有的说这孩子以后肯定会有出息，唯独一人沉默不语。主家觉得很奇怪，便问之。那人便说了一句：这孩子以后肯定会死。话一出口，众人面面相觑，主家更是火冒三丈。最后，酒宴不欢而散。

这个故事里，那个说孩子会死的人一直是作为"敢于说真话"的形象出现的，以至于有些人写这方面文章的时候还会以他作为例子。然而，我不禁要问：他这真的是敢于说真话吗？是的，没有人否认这个孩子以后会死，生老病死是人之常情。可是，在这种喜庆的场合里，说出这样的话，真的合适吗？

其实，现实生活中，我们几乎每一天都会遇到类似于上面故事里的人，甚至很多时候我们自己就是：有的人自称是暖男，可所有人都暖，就是不暖自己的女朋友，还辩解说女朋友不用暖；有的人一张嘴就能让整个场面立刻冷掉，偏偏还说别人都不理解他；有的人批评别人成瘾，不论时间地点，也不管冷热轻重，只要让他张嘴，立刻就向所有人开炮；还有的人从来不收敛自己的脾气，只要他不高兴了，其他的人也甭想高兴，他肯定要把场面搅黄了才会安心。类似的例子还有很多很多，对于以上种种人，我们会送他一个词：情商低。

一般来说，情商低的人有如下几种表现：①没有明确的目标，即便有，也不打算付诸行动；②说话办事从不考虑别人的感受；③控制不住自己的脾气，经常大发雷霆；④处理人际关系能力较差；⑤喜欢为自己的失败找借口，推卸责任，心理承受能力差，受不了打击；⑥对生活悲观，经常唉声叹气等。

结合这些表现，我们再看看身边或者历史上那些失败者的案例，很容易就能看出来，绝大多数的失败者或多或少都有一些毛病，而正是因为这些毛病阻碍了他们的成功。

  一个人想要成功，最重要的并不是智商，而是情商。智商决定了我们有没有能力做，而情商决定了我们能不能坚持下去。

王长江

2016年11月

目 录
CONTENTS

第一章　情商是一种能力：论情商在当今社会中的重要性

1. 什么是情商 …………………………………………………… 2
2. 情商在当今社会的作用 ……………………………………… 5
3. 只有认识自己，才能成为自己的主宰（了解自我）………… 8
4. 调控自己的情绪，适时适度表现（自我管理）…………… 10
5. 强烈的自我激励是成功的先决条件 ………………………… 12
6. 识别他人情绪，实现顺利沟通 ……………………………… 14
7. 善于处理与别人的关系 ……………………………………… 17
   情商测试题（1）……………………………………………… 19

第二章　情商训练从自省开始

1. 如何客观地看待自己 ………………………………………… 26
2. 自省是认清自己的有效方式 ………………………………… 27
3. 承认自己的缺点和错误 ……………………………………… 29
4. 学会做自己情绪的主人 ……………………………………… 31
5. 如何调节你的情绪 …………………………………………… 33
6. 遇事别着急，懂得换位思考 ………………………………… 34
7. 自我肯定，但要适度 ………………………………………… 36

8. 如何培养同理心 …… 38
9. 如何正确处理你的人际关系 …… 40
10. 生气是拿别人的错误来惩罚自己 …… 41
11. 如何化解你的愤怒 …… 43
12. 情绪低落时，你该这样做 …… 45
13. 坦诚是一种良好的品质 …… 46
14. 有勇气面对一切困难 …… 48
15. 懂得自控的重要性 …… 50
16. 做一个谦虚的人 …… 51
17. 做最真实的自己 …… 53

情商测试题（2） …… 54

第三章 情商是高效沟通的密码

1. 管住自己的嘴 …… 60
2. 用最准确的词语表达自己的意思 …… 61
3. 体态语言才是最真实的语言 …… 63
4. 沟通时要注意表情变化 …… 65
5. 沟通时姿势很重要 …… 66
6. 懂得倾听的人才懂得沟通 …… 68
7. 用友善的方式说话 …… 69
8. 与人争辩，点到为止 …… 71
9. 不要吝啬你的赞美 …… 73
10. 寻找对方感兴趣的话题 …… 74
11. 不确定的事不要妄下结论 …… 76
12. 说服别人的技巧 …… 77
13. 批评别人要和风细雨 …… 79
14. 不在没有意义的争论中浪费时间 …… 81

15. 说话时要注意自己的语气 …… 82

16. 牢记别人的名字是一种美德 …… 84

17. 拒绝别人的正确姿势 …… 86

18. 积极的情绪更容易打动别人 …… 88

情商测试题（3）…… 89

第四章　良好的情商思维有助于创业成功

1. 相信自己的员工，适当地放权 …… 94

2. 读懂逆商的作用 …… 96

3. 创业有风险，情商定沉浮 …… 97

4. 立业之前先立人 …… 99

5. 做事之前先准备，才能事半功倍 …… 101

6. 万事开头难，只怕有心人 …… 103

7. 机会面前，人人平等，要善于抓住机会 …… 105

8. 遇事不慌张，切不可自乱阵脚 …… 107

9. 创新是一个企业的核心竞争力 …… 108

10. 要有根据市场变化而应变的能力 …… 110

11. 懂得感谢你的对手 …… 111

12. 懂得 1+1 >2 的魔力 …… 113

情商测试题（4）…… 115

第五章　销售人员要掌握的情商训练

1. 销售并没有那么难 …… 120

2. 销售的过程体现了你的情商高低 …… 122

3. 销售是彼此的一种情绪接触 …… 123

4. 销售的 4C 理论 …… 125

5. 学会寻找你的目标客户 …… 126

6. 善于通过人际关系发现客户 ············· 128
7. 适时判断客户的购买欲望和购买能力 ····· 129
8. 以情动人，适时流露出你的关心 ········· 131
9. 学会借助外界的力量宣传产品 ··········· 133
10. 准确掌握客户的需求 ··················· 134
11. 合理利用自己情绪的力量 ··············· 136
12. 在自己的权限范围之内做出承诺，赢得信任 ··· 138
13. 善于解决彼此之间的冲突 ··············· 139
14. 即便达不成意向，也要给对方留下好印象 ··· 141
15. 忍耐——稳扎稳打，步步为营 ··········· 142
16. 情商，引领销售新篇章 ················· 144

情商测试题（5） ···························· 146

第六章　情商在职场中的作用

1. 错了就错了，要对自己的行为负责 ······· 156
2. 懂得与领导沟通的艺术 ················· 157
3. 可有可无的员工，总有一天会被淘汰 ····· 159
4. 主动做事，你总会得到更多机会 ········· 161
5. 不懂就问，多向领导请教 ··············· 162
6. 没有人是十全十美的，学会理解老板的缺点 ··· 164
7. 不要跟上司抢风头 ····················· 166
8. 同事之间，有如鱼水 ··················· 167
9. 遇到困难不推诿 ······················· 169
10. 别让抱怨毁了你的职业生涯 ············· 171
11. 善于倾听的人才最受欢迎 ··············· 172
12. 禁忌话题莫要提 ······················· 175
13. 张扬个性要适度 ······················· 177

情商测试题（6） ······ 179

第七章　高情商的领导艺术

1. 良好的沟通是解决问题的好办法 ······ 184
2. 什么样的人能成为优秀的领导 ······ 186
3. 平易近人，成为下属的朋友 ······ 188
4. 构建自己的团队是个技术活 ······ 189
5. 下属犯了错，你该怎么办 ······ 191
6. 每个人都有优点，要学会尊重和欣赏下属 ······ 192
7. 要有领导的担当 ······ 194
8. 情商高的人比智商高的人更适合成为领导 ······ 195

情商测试题（7） ······ 197

第八章　情商高能增加恋爱成功率

1. 如何谈一场高质量的恋爱 ······ 202
2. 了解对方心理和情感需求 ······ 203
3. 正确面对感情中出现的危机 ······ 205
4. 恋人之间适当保持距离 ······ 206
5. 对另一半的考验要适当、适度、适时 ······ 207
6. 步入婚姻的殿堂更要慎重 ······ 209
7. 失恋不是世界末日，没什么大不了的 ······ 210
8. 适当的争吵有利于感情的升华 ······ 211

情商测试题（8） ······ 213

第九章　婚姻中的情商训练

1. 共同经营家庭，再多付出也是幸福 ······ 218
2. 夫妻之间也要学会相互尊重 ······ 219

3. 唠叨是和谐家庭的拦路虎 ········· 221
4. 婚姻和事业可以两全其美 ········· 222
5. 帮助对方共同改正缺点 ··········· 225
6. 再大的困难也要共同面对 ········· 226
7. 从细节入手增进夫妻感情 ········· 228
情商测试题（9） ····················· 229

第十章　高情商的育儿之道

1. 做孩子的榜样，做称职的家长 ······· 234
2. 引导孩子识别情绪，并学会控制情绪 ··· 237
3. 注意疏导孩子的负面情绪 ·········· 239
4. 注意培养孩子的独立意识 ·········· 241
5. 培养孩子良好的人际交往能力 ······· 244
6. 培养孩子的发散思维 ·············· 246
7. 培养孩子的兴趣爱好 ·············· 249
8. 如何培养孩子的专注力 ············ 251
9. 培养孩子观察世界的能力 ·········· 254
10. 赞赏孩子，让他更自信 ··········· 256
11. 如何惩罚孩子 ··················· 259
12. 如何拒绝孩子 ··················· 261
13. 对孩子生气之前思考三秒钟 ······· 264
14. 鼓励孩子大胆表达自己的想法 ····· 266
15. 让孩子从小有阅读的习惯 ········· 268
情商测试题（10） ···················· 269

第一章

情商是一种能力：论情商在当今社会中的重要性

1. 什么是情商

> 这是90%成功的根基所在——对自己有信心，并全力专注于自己的工作。
>
> ——威尔逊

知乎上面有这样一个贴子：如何有效提高情商，此贴受到了三万多人的关注，得到了将近四百个回答。由此可见，关于情商的话题，还是挺受大家关注的。

那么，到底什么是情商呢？

在讲述什么是情商之前，我们先来看这样一则案例。

20世纪70年代中期，美国经济飞速发展，保险业也前所未有地火爆，为此某保险公司在全国各地雇佣了超过5000名推销员，并花费了超过1.5亿美元对他们进行培训。然而令人意想不到的是，一年之后，这批员工当中有超过一半的人选择了辞职，四年之后，只剩下了不到一千人。

为了找出原因，这家公司约谈了很多辞职雇员，发现最主要的原因是：在推销保险的过程中，这些保险业务员往往无数次处于被人拒之门外的尴尬境地，慢慢地就失去了继续下去的热情和耐心。该公司决定聘请心理学家马丁·塞利格曼来解决此问题。

马丁·塞利格曼教授曾提出"在人的成功中，乐观情绪是非常重要的因素"这样的理论。他认为，乐观主义者失败时会把失败的原因归结为某些可以改变的因素，而不是那些客观的、无法克服的障碍，即他们相信只要凭借自己的努力，就能改变现状，最终成功。为此，他在该公司所有新进人员中进行了两次测试，一个是常规的智商测试，另一个是他自己设计的、测试乐观程度的测试。

结果，有一组新员工引起了他的兴趣：这组新员工没有通过智商测试，却在乐观测试中取得了非常优异的成绩。让人更加想象不到的是，他们之后的销售业绩同样令人刮目相看，第一年就比"一般悲观主义者"高出21%，第二年高出了50%之多。

这一发现为这家公司寻找合适的销售人员提供了新的方法，塞利格曼教授的"乐观测试"成为该公司必不可少的员工招聘程序。

塞利格曼教授的这一发现在美国引起轩然大波，心理学家纷纷在此基础之上对情商测试进行更加深入的研究。经过十几年的研究，1990年，美国心理学家彼得·萨洛维和约翰·梅耶教授共同提出了"情感智商"（EQ）这一术语。1995年，记者、心理学家丹尼尔·戈尔曼出版了《情商：为什么情商比智商更重要》一书，由此在全球范围里引发了有关"情商"的讨论。

关于情商，其实并没有一个被众人所接受的定义。在这本书里，我们选择《哈佛情商课》这本书里的概念：情商就是一种自我管理情绪的能力，主要表现在：它是一种察觉、评价以及表达情绪的能力，是一种接近并产生感情、促进思维的能力，是一种调节情绪、帮助情绪以及智力发展的能力。

它主要包括五方面内容：

第一，了解自己的能力。这种能力包括：能够时刻注意自己情绪的变化，能够察觉自己某种情绪的出现，能够时刻关注并审视自己的内心体验。了解自己是整个情商的核心和最关键的部分，只有了解自己，才能真正管控自己的生活。

第二，自我管理的能力。这里所说的自我管理主要是能够适时调控自己的情绪，尤其是负面情绪，更要适度释放出来。

第三，学会自我激励。人生不如意十之八九，如果不能自我激励，只会让自己的生活更加艰难。自我激励是让人走出低谷、重新开始的重要因素，也是我们能够最终成功的重要原因。

第四，识别他人情绪的能力。人是群居动物，生活在社会上，我们每个人都要与人打交道，然而人的性格总是千差万别的，如果我们不学会如何识别他人的情绪，最终极有可能达不到沟通的目的，使得我们趋于失败。识别他人情绪，是与人正常交往，从而实现顺利沟通的前提。

第五，处理人际关系的能力。如上所述，作为群居的我们，几乎时时刻刻都要与人交往，因此良好的人际关系必不可少。

而随着时代的发展，美国一些心理学家又继续发展了这个概念，即：

（1）被动的心理过程向主动心理过程转移，这主要包括以下几种情况：主动识别自己的情绪、主动表达自己的情绪、主动识别与他人人际关系等。当然这里我们必须明确一点：在这个过程中，情绪应该起到的是积极作用，不能因为情绪问题而降低了思维思考的质量，同样也不能因为情绪而影响了自己的意志品质。

（2）心理活动是比较复杂的，情绪并不是一个主观体验，而是与认知、个性、人际交往等相互联系的一个复杂的心理过程，因此情商就是一个由较单一性的心理过程向综合性心理过程转变的过程。

（3）人是高级动物，所以人既有生物属性，又有社会属性。而其中的社会属性才是人区别于其他生物的最关键因素，因此由生物遗传性的心理过程向社会塑造性的心理过程转变就显得尤为重要。

精明的企业家发现情商理论在企业经营中存在着巨大的价值，纷纷将之应用到实际的企业发展中去，并且取得了巨大的成功。而随后，在人际关系、团队训练、领导艺术、家庭伦理等诸多领域都得到了良好的验证，情商理论由此名声大振，成为近三十年来的热点话题。

2. 情商在当今社会的作用

> 在任何领域，情商的重要性都是智商的两倍；在成功的层面上，情商比智商重要几倍。
>
> ——李开复

不管你承不承认，情商已经改变了我们对于生活的认知。

如今，有一群被称为"司马他"（英文smart的译音）的人，这群人往往情商很高，工作的时候又爱动脑筋，成为同事们眼中"聪明工作"的模范，同时也是绝大多数领导喜欢的员工。

前几年，美国《时代周刊》甚至高调宣称：如果你不懂EQ，那从现在起，我们宣布：你落伍了！情商理论的发展冲击着人们的传统思维，随着其在各个领域的运用，越来越多的人相信它可以指导我们的生活。

那么，情商对我们每个人来说到底有哪些作用呢？

在讲述这些枯燥的理论之前，我们不妨来看一则小故事：

我有个朋友，人比较老实，不知道如何哄女孩子开心。有一年冬天，他女朋友生病，朋友陪她去打点滴。两人无话，朋友觉得尴尬，就问那女孩："冷吗？"

女孩："嗯！"

"那我给你捂捂。"

"嗯！"女孩红着脸小声地说。

然后，他就起身捂住了盐水瓶……

结果可想而知。

通过这个小故事，我们至少可以得出一个结论：情商高的人往往可以赢得恋爱的主动，而情商不那么高的人则会遇到很多的问题。

时至今日，很多人力资源主管会经常说这样一句话：智商决定录用，情商决定提升。这句话都表明了情商在我们的职业生涯中起到了非常重要的作用。

第一，情商具有识别并调节自身情绪能力。

现如今，随着科技的日新月异，我们的生活节奏越来越快，很多人很容易会因为一点小挫折就陷入不好的情绪而无法自拔，从而导致原本的能力得不到施展。而其实，我们可以利用情商的作用，调整我们的消极情绪，从而拥有良好的心态，更加专注于我们的生活。

情商理论不止一次证明：我们可以正确识别自己的情绪，并且能够通过自身努力，采用一些有效的方式方法，有效调整我们的情绪，使得我们始终处于积极乐观的情绪当中，就像哈佛大学校训上说的那样"请享受无法回避的痛苦"，情商会让我们学会如何以积极的态度去面对焦虑、忧郁、烦躁等负面情绪。

第二，情商能影响我们的认知效果。

在认识并解决问题的过程中，情商会影响我们对事件认知的效果。这种认知效果有利于我们重新审视问题，抓住问题的关键，从而去解决问题。情绪的波动有时候并不是坏事，它可以帮助我们打破传统的思维定式，激发潜能来解决复杂的问题。

第三，作为一个基本动机系统，情商能够为我们提供动力。

一个不争的事实是：情商高的人他的生活往往更有效率，更懂得运用情商的作用丰富扩展自己的人生境界；相反，那些对于自己的情绪无从下手的人，他的内心会时常处于冲突之中，这势必会影响他对于很多问题的判断和理解。

要想获得人生的成功，正确的思维模式和理念必不可少，它能为我们提供强大的精神力量和足够的动力。而众所周知的是，所有有效的精神力量，都蕴含在我们的各种情绪当中，也就是说，我们的情绪在一定程度上决定了人生发展的高度。

第四，情商是智商的基础，是其发挥作用的关键因素。

有一个叫威廉·宾德的人，从出生后，他父亲就想尽各种办法开发他的智力。三岁时，就能用本国语言自由阅读和书写；四岁时，他能写出3篇500字的文章；六岁时，他写出了一篇解剖学论文。小学入学当天上午，他被编入了一年级，等中午母亲去接他时，他已经成了三年级的学生了。宾德八岁上中学，十一岁进入了哈佛大学。不难看出，宾德的智商很高，但是却因情商一团糟、不善跟他人合作而选择离家出走，在一家商店当店员，一生碌碌无为。

研究表明：在人生的发展历程中，起到决定性作用的是情商，智商只有在情商的基础之上，才能发挥作用。

不仅如此，情商的高低，决定了一个人其他能力（不仅仅是智商）的发挥程度，善于处理个人情感以及与别人情感之间关系的人，往往更加容易获得最后的成功。

有关情商的作用，以上论述有可能有点复杂。为了讲述简单，我们一起来回忆一下生活中的场景，问自己几个问题：

（1）为什么我们很多人经常会不高兴？

（2）在日常的工作学习中，与人沟通出现问题的原因主要是什么？

（3）遇到困难时，你通常会选择以何种方式去应对，积极面对还是选择逃避？

如果仔细思考过这几个问题，那么你自然而然就会明白情商的作用了。

实际上，情商的魅力远远不止这些，它在我们日常生活中的运用，对我们生活起到的积极作用，才更是我们主动去认知它、训练它的原因。

在本书中，我们分别对情商在自我修炼、与人沟通、创业、销售、职场、领导艺术、恋爱、婚姻生活、育儿之道等九个方面的运用做了相对详细的解释和说明，从而为大家提供一些提高情商的方法。

3. 只有认识自己，才能成为自己的主宰（了解自我）

> 当你意识到自己是个谦虚的人的时候，你马上就已经不是个谦虚的人了。
>
> ——列夫·托尔斯泰

大草原上住着一只狐狸，有一天早晨，它看到自己在朝霞中的影子特别巨大，就觉得自己肯定也特别厉害，就对自己说："今天我要抓一匹斑马尝尝。"于是，整个上午它都在追逐斑马，结果一无所获。到了中午的时候，它又发现自己的影子特别小，和一只老鼠差不多，立刻垂头丧气起来。

朝霞拉长了这只狐狸的影子，让它误认为它是比斑马更加强大的动物，导致了它的失败；而中午的阳光又缩小它的影子，让它觉得它连一只老鼠都不如，最终垂头丧气、郁郁寡欢。

在这则寓言故事里，狐狸因为对自己认识不清，导致它连续犯了两个错误，以至于最后自己都不再相信自己。而现实生活中，同样也是如此，如果不能正确认识自己，那么我们的能力、理想、抱负等也就无从谈起。这只狐狸失去的只是一顿午餐，而我们往往会失去更多的东西。

我们常说"人贵有自知之明"，然而现实情况却是我们往往没有办法正确认识自己：有些人只能看到自己的优点和长处，却对自己的弱点和不足视而不见；有的人往往因为自己的缺点而感觉自卑，却不知道其实自己身上也有很多闪光点；还有的人知道自己的优缺点，却不知道怎么去处理两者之间的关系……

这其实是挺正常的。因为认识自己并不是一件简单的事情，它需要我们在实际生活中不断地学习和积累。同时，我们每个人所处的生活环境不同，对于同一个人，往往也会有不同的评价，有人称赞你，同样也会有人批评你，从这些错综复杂的评价当中，找寻到客观的评价并不容易。

那么，既然认识自己并不容易，我们有没有办法正确地评价自己呢？答案是肯定的！那么怎么正确地认识自己呢？

第一，承认每个人都有优点和缺点，这是正确认识自己的前提。

孔子说："君子坦荡荡，小人常戚戚。"意思是：君子一般都能心怀坦荡、接纳自己，而小人则常常感到自卑自危，不愿意接纳自己。认识自己从来都不是抽象的理论概念，它往往是带有情感态度的。对自己满意还是不满意，取决于我们对于自己人生的态度。如果我们排斥，自然也就不会满意，如果我们接纳，至少可以说是基本满意的。

所以，如果我们想要正确认识自己，除了要充分了解认识自己以外，还必须坦诚地承认接受不完美的自己。也许我们不够聪明，并不富裕，甚至还有身体缺陷，然而这一切并不能成为我们回避自己的借口。只有客观看待自己的人，才能拥有良好的心态。

第二，每个人都是独一无二的个体，必须学会充分利用自己的独特价值。

作为社会人，我们每个人都蕴含着强大的能力，加之社会赋予我们丰富的经验素材，这往往是我们之所以能够成功的原因。如果我们意识不到这点，找不到充分发挥的途径或者方法，致使自己的天赋被白白浪费，那无疑是我们最大的遗憾，也是我们不成功的关键因素。

第三，要正确认识自己，还必须学会自觉控制自己。

人不同于其他物种一个关键的区别就在于人是有自觉性的，人不仅能发现自己的本能和欲望，而且还能学会如何利用它们。而要想正确利用它们，就必须要学会控制自己的欲望，古希腊哲学家柏拉图的名言"节制是一种秩序，一种对于快乐和欲望的控制"强调的正是这个意思。

有这样一句谚语：你所以感到巨人高不可攀，只是因为你没有站起来。由此而知，很多事情别人能完成，而你做不到，是因为你从来没有正确地认识自己，没有客观地评价自己，事实上，很多事情只要你努力去做，就可以像别人一样成功，甚至做得更好。阿波罗神殿大门上写着"要认识你自己"，这句话也是一直被聪明的古希腊认为是人类的最高智慧，即便放在现在，依旧不得不说是个非常伟大的观点。

4. 调控自己的情绪，适时适度表现（自我管理）

> 在探求真理的道路上，我们每个人只能独行，任何盲从只能变成起哄，这不是探求真理的态度。在通往真理的道路上，最大的障碍是总认为自己的观点是对的。比这更可怕的是情绪失去控制，失去了理智。
>
> ——潘石屹

英国著名诗人、《失乐园》的作者约翰·密尔顿曾经说过这样一句话：一个人如果能够控制自己的激情、欲望和恐惧，那他就胜过国王。这句话表明了调控自我情绪的重要性，时至今日，这句话依旧绽放着灿烂的光芒。

生活在这个社会里，没有人能总是一帆风顺、风平浪静的，多数人都是"人生不如意十之八九"。遇到不快的事情或者遭受困难，我们如何面对，如何调整自己的情绪，往往是解决问题的关键。情绪调整得好，不以物喜，不以己悲，坦然面对困难，并积极解决。而心态不好的人，只要遇到问题，就会满腹牢骚，怨天尤人，很显然，前者收获快乐成功的概率要比后者大得多。

这是很显而易见的答案，那么当我们遇到困难时，应该如何调整自己的情绪呢？

第一，要学会适时适度地转移自己的注意力。

这个世界是客观存在的，不会因为我们而改变，我们能做的就是去了解它、适应它。人在情绪低落的时候，对大部分事情都提不起兴趣。要想摆脱这种情绪，我们就要转移自己的注意力，将目光从困难中暂时抽离出来，尝试去做一些自己喜欢做或者可以陶冶情操的事情，比如可以看场电影、听场音乐会或者到附近的公园里转转。

当然，应该注意到的是，转移注意力只是方法，而不是目的，我们最终要做的还是解决问题。当通过这种方法成功地调整我们情绪的时候，我们应该把目光重新转移到问题上来，并以积极乐观的心态去解决，只有这样才能发挥其功效，不然只是纸上谈兵。

第二，懂得知足者常乐的重要性。

如前所述，我们的一生总会遇到各种各样的痛苦，这是每一个人都无法避免的。人只有在一次又一次的磨砺中才能茁壮成长，不断完美。困难成就了每一个成功的人，促使我们不断迎接新的挑战，不断战胜自己身上的弱点。然而，即便我们身上的弱点不断减少，也永远不可能成为完美的人。

造物主的高明是将人类打造成为具有两面性的动物，既有缺点又有优点，既有美好的一面也有丑陋的一面，这才是真实的我们。这就要求我们必须接纳两面性的自己，既认同自己的优点，同时也接纳自己的缺点。古人有云"知足者常乐"，也就是说，懂得知足，不偏执不纠结，能够客观看待自己优缺点的人才能得到持久的快乐。要想控制自己的情绪，就必须知足常乐，只有这样我们才能做到有的放矢。

第三，坦然面对现实以及自己的选择。

能够坦然面对一切困难，勇于对自己做过的事情负责，这是一个人成熟的重要标志。这个世界是客观而且现实的，随着时间的推移，有时候我们对于同一件事的看法也会发生变化。原本看似美好的一件事，到头来却不尽如人意，这时候你也许会懊恼当时没有更加慎重一些；当时看似痛苦的一件事，过一段时间再回头看，你却发现了另一番风景，于是你又后悔当时不该为此付出那么多的心血。可是我们往往只能有一个选择，既然选择了，就要无怨无悔地走下去。尝试从不同的角度去看待问题，你就会发现不一样的人生。

事事都是如此，只要我们尽力了，就不要去过多地考虑事情的结果。坦然面对一切，才是正确的人生选择。

第四，学会自我排解。

自我排解的方法有很多，下面简单介绍两种：

（1）深呼吸。这是最简单的方法。当遇到不开心的事情的时候，不要焦急，也不要想着回避，多做几个深呼吸，慢慢让自己冷静下来，这样做有两个好处：第一，避免了因为冲动而做出错误的决定；第二，给自己一些思考的时间，可以想出更加有效更好的解决方法。

（2）自我宣泄法。适当的宣泄是调节我们情绪一种非常有效的方法。我们每天都会产生各种各样不良的情绪，如果没有办法自我宣泄的话，将会影响我们身心的健康发展。这就要求我们定期清空自己所有的情绪垃圾，比如大哭一场或者任性地来一场说走就走的旅行。

除此之外，关于如何调节自己的情绪，还有很多的方法，比如可以找自己的亲戚朋友倾诉，培养一些兴趣爱好，回忆一些美好的记忆，或者给自己一些积极的暗示。每个人的生活环境、教育程度以及习惯不一样，选择的方式也必然千差万别。不论我们选择何种方式，有一个原则一定要记住：我们必须积极主动去面对，这是解决所有问题的基础。

5. 强烈的自我激励是成功的先决条件

努力把平凡的日子堆砌成伟大的人生。

——俞敏洪

心理学上有一种现象，叫作"罗森塔尔效应"，又叫"自我实现的预言效应"，源自1968年美国心理学家罗森塔尔做的一个著名实验：罗森塔尔到一个学校做研究，在与一些同学谈话之后，他将一些学生名单通知了老师，并告诉他们他正在进行一项名为"预测未来发展的测试"，而选出来的这批人则是他精选出来的"有着某一方面天赋的人"。几个月之后，他再次来到这所学校，发现名单上学生的成绩普遍有所提升。

这时候，罗森塔尔却告诉所有人这个名单并不是根据测试结果确定的，完全是他随机抽取的。这些学生能取得进步的一个重要原因是罗森塔尔运用激励的原理使他们相信他们能成为更加优秀的人，进而自我激励，在潜移默化中自觉按照更高的标准要求自己。

由此看来，一个人能否成功，虽然与客观环境有关，但更与自己的决心有很大关系。如果我们擅长自我激励，并坚信最终能够成功的话，即使我们的每一步都走得很慢，但终会到达终点。

自我激励能够激发我们内在的力量，在对美好未来的向往和追求中，指引我们向前的步伐。自我激励能够调整我们的心态，在人生的大风大浪中把握住自己的航标，使自己的人生幸福快乐。德国心理学家斯普林格在其著作《激励的神话》中说"强烈的自我激励是成功的先决条件"，一个人要想获得成功，方式方法有很多种，但无论如何，最终都离不开自我激励。

要想自我激励，我们首先要做的就是离开舒适的环境，加强自己的紧迫感。著名作家阿娜伊斯·宁曾说"沉溺生活的人没有死的恐惧"，大多数人习惯于"沉溺"在自己的无聊生活中无法自拔，以为自己的人生永无止境，等到岁月蹉跎才后悔莫及。所以，在有限的生命里，为了激励自己，我们就需要不断挑战自己，避免自己躺在舒适的避风港，将毕生的精力都放在漫无目的的消耗当中。

立足当下，勇于直面困难是自我激励的又一个有效方法。相比于沉溺过去和未来，着眼于现在，脚踏实地，一步一个脚印，才是明智之举。即便眼下有再大的困难，只要我们勇于面对，就能抓住机遇，实现自己的愿望。

真正的勇士敢于面对惨淡的人生，真正的战士敢于直面残酷的战场，奋力拼搏的运动员总是全力以赴迎接对手的每一个挑战，成功的企业家善于在风起云涌的经济大潮中觅得商机。愚蠢的人将自己寄托在虚无缥缈的未来，聪明的人早已经开始行动。另外，我们还要调节好自己的情绪，不以物喜，不以己悲。我们都有这样的感觉：当我们达成或者完成一个目标的时候，就会身心愉悦，高兴不已；相反的，如果总是失败，总是到达不了终点，我们就会垂头丧气，甚至会失去继续努力的勇气。每个人的一生都不可能是平坦的，也许我们永远都达不到理想中的圣地，然而这并不是我们自怨自艾、怨天尤人的理由。把自己的快乐建立在其他事物之上，这无疑将错失很多创造快乐的机会。

保持良好的心态，不论是身处逆境还是顺境，调整好自己的情绪，通过这种动力和力量，源源不断地激励自己，这样我们就有勇气去完成更大的挑战。

最后，我们还要合理地调整计划、调高我们的任务目标。实现目标的过程不是坦途，而是曲折的、呈螺旋上升的。在每一个任务的节点，合理安排节奏，适时提高我们的奋斗目标，可以让我们始终保持较强的工作激情，保持高效的工作状态。

同时，我们还应注意，调整自己的计划，调高我们目标，必须依照客观条件量力而行。通过努力最终可以完成的任务才具有操作性，一味拔高、最终实现不了的只能是空想。

当然，自我激励的方法不是千篇一律的，通过自省、敢于犯错等方式，同样可以达到相同的效果。不管什么方法，只要能自我激励，那都是好方法。

自我激励是为了完善自己，是为了在接下来的生活中寻求更加完美的状态。学会自我激励，在状态最好的时候，迎接这世界给予我们的一切。

6. 识别他人情绪，实现顺利沟通

> 不同的面部表情是天生的、固有的，并且能为全人类所理解。即使是婴儿也能正确地识别和表现出愉悦、伤心、愤怒等表情。
>
> ——达尔文

人力资源专家凯尔西的书《请理解我》中有这样一段话：如果我喜欢的

东西你并不喜欢，请不要告诉我，我的选择是错的；如果我的信仰与你的不同，那么至少稍后你再纠正；如果在相同的环境里，我所表现出来的情感比你更淡薄或者更强烈，请不要让我和你一样；无论如何，请你不要干涉我。至少在现在，我并没有要求你理解我。只有当你不再试图把我复制成另一个你的时候，我才会说，请你理解我。

关于这句话，我们可以从不同的角度去解读。在这里要说的是，人是群居动物，任何一个人都不能脱离整个社会而存在，同时因为生活环境、教育背景等的不同，每个人的性格、习惯、情绪等千差万别。德国唯物主义哲学家莱布尼茨说"世界上没有两片完全相同的树叶"，同样的，这个世界上也没有两个完全相同的人，事实上，正是因为每个人的性格习惯都不一样，才造就了这个精彩的社会。

每个人的性格习惯都不一样，所以很多时候我们需要通过识别别人的情绪才能实现双方的顺利沟通，建立完善自己的人际关系网，只有这样，我们才能在错综复杂的世界中找到自己的定位，才能站得更稳，走得更远。

第一，通过体态语言去识别一个人。

了解别人的体态语言，是识别他人情绪的重要方法。学会了这种方法，我们就能够迅速准确地了解到对方的情绪状况。

一般情况下，体态语言通常都有专门的含义，例如，坐立不安、来回搓手，就表示这个人处于一种拘束、窘迫或者矛盾的境地；双手交叉放于胸前，表示防御或者正在思考；如果反复擦拭眼镜，则表示他心里不安，需要一点时间思考对策；如果对方双手叉腰，通常理解这个姿势是挑衅，即不认同我们的观点；摊开双手，则有两种不同的含义，即如果对方表情严肃，则表示无可奈何，如果对方表情相对愉悦，则表示真诚，愿意开诚布公，等等。

每个人的体态语言都有很多种，虽然可以总结出一般规律，可是各人之间还是有些细微的差别，这需要我们在与人交流中加以注意。

第二，通过他人的神情举止去识别一个人。

古人有云：听其言，观其行，说的就是这个道理。与人交流时，除了要注意对方的言语态度以外，还应注意对方说话时候的表情和举止，即所谓的察言观色，我们通常可以通过研究别人的表情识别对方真实的内心想法。

在这里，笔者为各位读者简单介绍一点小常识：人们高兴的时候，通常会嘴角上扬、眼睑收缩、面颊微微上抬等；如果一个人不高兴或者愤怒、厌恶，那么通常他都会眉毛下垂、前额紧皱、嗤鼻、上嘴唇上抬等。如果对方伤心，通常的表情是眉毛紧缩、嘴角下拉、下巴收紧等。如果对方对你的观点表示惊讶，则会下颚下垂、嘴巴放松甚至微微张开、瞳孔张大、眉毛微抬等；如果对方正处于不安或者害怕的环境中，他通常都会嘴巴和眼睛张开、眉毛上扬、鼻孔张大等。

第三，通过别人的声音去判断一个人的情绪。

声音可以说是人与人之间最重要的交流方式之一，很难想象如果我们都不能用声音去表达我们的感情，这个世界将会怎样。与人交流时，为了让自己的意思更加容易理解，我们通常会在里面加入自己的情绪，每当这个时候，我们的语气就会出现一些变化，变得抑扬顿挫，极富有节奏感。

一个人的声音所表达出来的情绪是很难伪装出来的，它总是会如实反映出一个人内心最真实的想法是什么，这就要求我们必须学会倾听，通过别人富有个性的声音以及声调的不同变化，找寻背后存在的真实含义。

（1）通常语速很快的人，他们一般性格都比较直爽，不拘小节，善于用视觉语言表述事物。

（2）说话速度不快不慢，声音又比较洪亮，善于控制节奏的人，一般他们特别注意字词的意义，为人处世相对来说比较有原则性。

（3）说话语速偏慢的人，往往特别注意自己内心的真实感受，为人处世小心翼翼，善于思考。

除此之外，如果一个人说话声音突然变大，说明他比较反感当前的聊天内容，出现了生气的迹象；而如果一个平时不善言辞的人突然间能言善辩起来,则极有可能是他的真实想法被别人识别了;说话模棱两可、暧昧不清的人,往往可以理解为是在有意逃避责任,等等。

每个人都是独立的个体,都富有丰富的情绪变化,这些情绪的变化最直接地反映出我们当时的感情。识别他人情绪,是我们了解他人的重要环节。能够准确识别他人情绪,并加以利用,往往会让我们在与人的沟通中事半功倍。

7. 善于处理与别人的关系

> 我打破沉默的方法就是忘记自己,去倾听他人心底的沉默。
>
> ——柴静

福特公司在新泽西有一个工厂,由于管理不善,濒临倒闭。公司高层非常着急,最后任命管理学博士皮特为这家工厂的总经理,希望能扭亏为盈。

一上任,皮特就开始做起调研来,没用多久就发现了症结所在:因为业绩不好,公司领导没有别的办法,只是一味地增加工作量,这导致了领导与员工之间、员工与员工之间的交流几乎不存在,员工的工作热情大大下降,人际关系冷漠,有的人干脆破罐子破摔。

意识到这个问题之后,皮特当机立断,果断决定以后员工的午餐由工厂负担,并且缩短了工作时限。皮特亲自到厂房里恳求每一位员工都能留下来聚餐,以便给大家一个相互沟通了解的机会,建立彼此的信任关系。

为了改善员工的伙食,皮特专门采购了食堂用具,并且还架起了烤肉架,经常亲自为每位员工烤肉。皮特的这些举动大大刺激了员工的热情,大家不再像以前那样闷闷不乐,在餐桌上,每个人都滔滔不绝,献计献策,而且还会把工作中发现的问题主动拿出来讨论,并寻求最佳解决办法,员工之间的关系达到空前的和谐。短短两个月之后,公司的业绩就有了好转,五个月之后，公司开始盈利。

按照通常做法，皮特是违背常理的，在这时候他不想办法开源节流而是继续增加成本，然而正是这点挽救了企业内部人与人之间恶劣的人际关系，使得所有人重新感受到了企业这个大家庭的温暖，从而让员工愿意为公司的发展贡献自己的力量。据说，直到现在，那家企业依旧保持着这个传统：午餐大家欢聚一堂，总经理亲自派送烤肉。

这个案子看似说的是企业管理的事情，然而实质上讲述的还是人际关系。正因为皮特懂得人际关系在企业发展中的重要作用，才找到了公司的问题所在，并最终帮助公司走出困境。

事实上，人际关系在我们的生活中无处不在，善于处理人际关系的人往往能够得到别人的青睐。

首先，我们必须承认一个事实：这世界上不可能有两个完全相同的人，人与人之间总会有各种各样的不同。当发现别人的习惯、性格、行为方式等与自己格格不入的时候，我们应该学会接受和包容，这是我们处理好人际关系的基础。

不同性格的人待人接物、处理事情的方式通常也会不一样。性格平和的人，一般语气都比较委婉，与人相处小心翼翼，而脾气火爆的人简单直接，不会拐弯抹角。然而我们应该明白，不论是哪种性格的人，我们都应该平和对之。

其次，我们应该少看到别人的缺点，多注意别人的优点，取长补短。世界上一切事物都不可能是完美的，几乎每个人的优点和缺点都很明显。我们不应该对别人求全责备，而要尽量多注意别人的优点。即便是看到别人的缺点，也应该用正确合理的方式指出来。既赞赏别人的优点，也包容别人的缺点，只有这样我们才能相互增进感情，形成良好的人际关系。

再次，我们还必须有宽广的胸怀和气度，与人打交道，要做到待之以礼、晓之以情。拥有宽广胸怀的人，能够体谅别人的难处，谅解别人的错误，懂得"得饶人处且饶人"。相反，一个心胸狭隘的人，没有容纳人的肚量，觉得生活中所有人和事处处与他为敌，难以与别人良好沟通、和睦相处，这样的人自然没有办法成就大事业。宽大的胸怀还是人与人之间沟通感情的重要保障，也是为人处世的大智慧，想要收获良好的人际关系，我们就必须学会放开自己的束缚，真心实意对待别人。

除此之外，我们还应该学会站在别人的立场上思考分析问题。印第安人有一句谚语：穿别人的鞋子走一段路，意思就是说当我们对别人的举动产生怀疑的时候，不妨站在他的角度去思考问题，也许我们就能得出不一样的答案。由于每个人所处环境背景等都不一样，思考问题的角度和方式肯定各不相同，这难免就会出现分歧。在这种情况下，为了寻求最好的解决办法，我们必须全面考虑各方面因素。

著名成功学大师卡耐基说：一个人成功与否，与他的交际能力有着很大关系。除了那些专业人才，其余的人是否能够成功，取决于他社交能力的强弱，其实即便是那些专业人才，如果没有良好的人际关系，也很难取得成功。毫不夸张地说，如果没有良好的人际关系，你终将一事无成。

情商测试题（1）

第1~9题：请从下面的问题中，请选择一个和自己最切合的答案，但要尽可能少选中性答案。

1. 我有能力克服各种困难：

   A. 是　　　　　　B. 不是　　　　　　C. 不一定

2. 如果我能到一个新的环境，我要把生活安排得：

   A. 和从前相仿　　B. 不一定　　　　　C. 和从前不一样

3. 一生中，我觉得自己能达到所预想的目标：

   A. 是　　　　　　B. 不是　　　　　　C. 不一定

4. 不知为什么，有些人总是回避或不愿理我：

A. 是 　　　　　B. 不是 　　　　　C. 不一定

5. 在大街上，我常常避开我不愿打招呼的人：

A. 从未如此 　　B. 偶尔如此 　　　C. 经常如此

6. 当我集中精力工作时，假使有人在旁边高谈阔论：

A. 我仍能专心工作 　B. 介于A、C之间 　C. 我不能专心工作且感到愤怒

7. 我不论到什么地方，都能清楚地辨别方向：

A. 是 　　　　　B. 不是 　　　　　C. 不一定

8. 我热爱所学的专业和所从事的工作：

A. 是 　　　　　B. 不是 　　　　　C. 不一定

9. 气候的变化不会影响我的情绪：

A. 是 　　　　　B. 不是 　　　　　C. 介于A、C之间

第10～16题：在下面问题中，请选择一个和自己最切合的答案，同样少选中性答案。

10. 我从不因流言蜚语而生气：

A. 是 　　　　　B. 不是 　　　　　C. 介于A、C之间

11. 我善于控制自己的面部表情：

A. 是 　　　　　B. 不是 　　　　　C. 不太确定

12. 在就寝时，我常常：

A. 极易入睡 　　B. 不易入睡 　　　C. 介于A、C之间

13. 有人侵扰我时，我：

A. 不露声色 　　B. 大声抗议，以泄己愤 　C. 介于A、C之间

14. 在和人争辩或工作出现失误后，我常常感到震颤、精疲力竭，不能继续安心工作：

A. 是 　　　　　B. 不是 　　　　　C. 介于A、C之间

15. 我常常被一些不重要的小事困扰：

　　A. 是　　　　　　B. 不是　　　　　　C. 介于A、C之间

16. 我宁愿住在僻静的郊区，也不愿住在嘈杂的市区：

　　A. 是　　　　　　B. 不是　　　　　　C. 不太确定

第17~25题：在下面问题中，请选择一个和自己最切合的答案，同样少选中性答案。

17. 我被朋友或同事起过绰号、挖苦过：

　　A. 从来没有　　　B. 偶尔有过　　　　C. 这是常有的事

18. 有一种食物使我吃后呕吐：

　　A. 有　　　　　　B. 没有　　　　　　C. 记不清

19. 除去看见的世界外，我的心中没有另外的世界：

　　A. 有　　　　　　B. 记不清　　　　　　C. 没有

20. 我会想到若干年后有什么使自己极为不安的事：

　　A. 从来没有想过　B. 偶尔想到过　　　　C. 经常想到

21. 我常常觉得自己的家庭对自己不好，但又确切地知道他们的确对我好：

　　A. 是　　　　　　B. 否　　　　　　　　C. 说不清楚

22. 每天我一回家就立刻把门关上：

　　A. 是　　　　　　B. 否　　　　　　　　C. 说不清楚

23. 我坐在小房间里把门关上，但我仍觉得心里不安：

　　A. 是　　　　　　B. 否　　　　　　　　C. 说不清楚

24. 当一件事需要我做出决定时，我常觉得很难：

　　A. 是　　　　　　B. 否　　　　　　　　C. 说不清楚

25. 我常常用抛硬币、翻纸牌、抽签之类的游戏来预测凶吉：

　　A. 是　　　　　　B. 否　　　　　　　　C. 说不清楚

第26～29题：下面各题，请按实际情况如实回答，仅需回答"是"或"否"。

26. 为了工作我早出晚归，早晨起床时我常常感到疲惫不堪：

  A. 是   B. 否

27. 在某种心境下，我会因为困惑陷入空想，将工作搁置下来：

  A. 是   B. 否

28. 我的神经脆弱，稍有刺激就会使我战栗：

  A. 是   B. 否

29. 睡梦中，我常常被噩梦惊醒：

  A. 是   B. 否

第30～33题：本组测试共4题，每题有5种答案，请选择与自己最切合的答案。

30. 工作中我愿意挑战艰巨的任务。

A. 从不   B. 几乎不   C. 一半时间是   D. 大多数时间是   E. 总是

31. 我常发现别人好的意愿。

A. 从不   B. 几乎不   C. 一半时间是   D. 大多数时间是   E. 总是

32. 我能听取不同的意见，包括对自己的批评。

A. 从不   B. 几乎不   C. 一半时间是   D. 大多数时间是   E. 总是

33. 我时常勉励自己，对未来充满希望。

A. 从不   B. 几乎不   C. 一半时间是   D. 大多数时间是   E. 总是

参考答案及计分评估，计分时请按照记分标准，先算出各部分得分，最后将几部分得分相加，得到的分值即为你的最终得分。

第1～9题，每回答一个A得6分，回答一个B得3分，回答一个C得0分。计____分。

第10~16题，每回答一个A得5分，回答一个B得2分，回答一个C得0分。计____分。

第17~25题，每回答一个A得5分，回答一个B得2分，回答一个C得0分。计____分。

第26~29题，每回答一个"是"得0分，回答一个"否"得5分。计____分。

第30~33题，从左至右分数分别为1分、2分、3分、4分、5分。计____分。

测试后如果你的得分在90分以下，说明你的EQ较低，你常常不能控制自己，极易被自己的情绪所影响。很多时候，你容易被激怒、动火、发脾气，这是非常危险的信号——你的事业可能会毁于你的急躁，鉴于此，最好的解决办法是能够给不好的东西一个好的解释，保持头脑清醒，使自己心情开朗，正如富兰克林所说："任何人生气都是有理的，但很少有令人信服的理由。"

如果你的得分在90~129分，说明你的EQ一般，对于一件事，你不同时候的表现可能不一，这与你的意识有关，你比90分以下的人更具有EQ意识，但这种意识不是常常都有，因此需要你多加注意、时时提醒自己。

如果你的得分在130~149分，说明你的EQ较高，你是一个快乐的人，不易恐惧担忧，对于工作你热情投入、敢于负责。你为人正义正直、同情关怀，这是你的优点，应该努力保持。

如果你的EQ在150分以上，那你就是个EQ高手，你的情绪智慧不但能促进你事业的发展，更是你事业有成的一个重要前提条件。

第二章

情商训练从自省开始

1. 如何客观地看待自己

我们的骄傲多半是基于我们的无知！

——莱辛

女儿班上有个女孩叫敏敏，成绩优秀，还弹得一手好钢琴，可是班里几乎所有的同学都不喜欢她。我问女儿："你为什么不喜欢她？"女儿说："每次别人问她问题，她都会很不耐烦，还会说别人笨，看不起别人。"

敏敏觉得自己很聪明，不仅成绩好，而且还多才多艺，别人都不如自己，所以她很傲慢，沉浸在自负里无法看清自己。也正因为如此，她连一个知心的朋友都没有。

生活中有很多这样的例子，因为自己某一方面优异，就骄傲自大，有强烈的虚荣心理，不能客观地评价自己。当然如果自我贬低，就容易自卑，认为自己一无是处，发现不了自己的优点和长处，白白浪费了自身才华。

因此，我们需要正确客观地认识自己，但是人们习惯于从自己的角度去思考问题。所谓"当局者迷"，多数人往往看不到自己的缺点和不足，还会拿自己的长处和别人的缺点比较，从而迷失自己。

所以正确地认识自己，客观地评价自己，是一件非常困难的事，那么我们应该怎样客观地认识自己呢？

（1）列表自我剖析。列一张表格，包括自己的性格、能力、对人的态度、遇事之后的心理和行为等，根据实际情况剖析自己。尤其是在遇到挫折和困难的时候，更要客观地对自己当时的心理、行为进行剖析。另外可以关注一点：在自己独处和有他人存在的情况下，在行为和心理上有没有区别。

（2）通过比较来看待自己。这里的比较包括两个方面：第一，和别人比较，当你看到别人身上存在的优点或者缺点时，可以反思比较，看看自己身上有没有这样的优点或缺点。通过这样的比较，来认识自己的长处和不足，以便扬长避短。第二，和过去的自己比较。想想自己以往的经历，在面对相似事件的时候，有没有不同的处理方法或者处世态度，这样可以更快地完善自己。

（3）通过他人的评价来了解自己。通常，我们自己很难站在第三方的角度来观察自己，所以在认识自己的同时，也应该重视他人对自己的评价，因为他人的评价往往更客观。

找几个比较了解你的朋友，让他们把你的优缺点列出来。当然，如果你想进一步了解自己，也可以请那些不喜欢你的人列出你的优缺点。利用别人的评价，可以更深入地了解自己。

通过这些方法，我们能够更加客观地认识自己，清楚地了解自己的优势和不足，可以更好地将自己的优势发挥在适当的领域，然后弥补自己的不足，这样既不会变得骄傲自大，也不会自我贬低，而是会在此基础上得到更好的发展。

2. 自省是认清自己的有效方式

> 反省是一面莹澈的镜子，它可以照见心灵上的玷污。
>
> ——高尔基

同事小C是个工作非常努力的人，有一次他花了整整一个月的时间，精心制作了一个策划案，可是当他信心满满地在公司会议上讲述的时候，却遭到了大部分人的反对。他很郁闷，一连很多天上班都没有精神。

过了几天之后，他把自己的方案又重新梳理了一遍，发现其中的很多细节不够具体，一些内容的操作性不是很强，特别是他对市场的判断更是仅仅来源于自己的经验。发现这些问题之后，在原方案的基础上，他查找了很多资料，并通过大量的调研，修正了存在的问题。再次上会之后，该方案获得了大家的一致支持并全票通过，成为公司年度重点任务。

同事小C正是通过自省发现自己的提议中存在的问题，及时改正，提出了更完善的意见，从而获得了成功。日常生活中，我们应该时常自省，以便更加客观地认识自己，清楚了解到自己的优点和缺点，合理利用自己的优点，对缺点加以改正，既不自负自傲，也不过分谦卑。

自省是我们在成长过程中不断锻炼自己的武器。一个人如果能够时常反思自己，就会变得更加自信、更加强大，做事时目标也会更明确。

如果你不知道怎样获得继续前进的动力，可以花一些时间去自省，在反思中重新认识自己，寻找进步的动力。

第一，勇于承认错误，主动接受批评。人们应该尽量避免错误的发生，但是如果错误已经发生，就要想方设法去改正和弥补自己的过失，避免一错再错。所以我们要勇于承认自己的错误、主动接受批评，还要自我批评。

第二，不断追求进步。自省的目的是为了提升自我，不断追求进步。不要认为自己现在的状态已经是最好了，不妨经常问问自己"怎样才可以做得更好"，只有这样，你才能不断地提升自己。在追求进步的过程中，如果遇到自己暂时解决不了的问题，大可不必垂头丧气，大方承认它，并努力寻找解决办法才是聪明之举。

第三，听取他人意见，接受良师指点。尊重他人的提议，虚心接受他人的建议和意见，我们能够从中汲取有利于自己的东西，从而获得更大的进步。

我们也可以找一位自己敬仰的人，在学识、为人处世、看问题的眼光以及应对突发事件等方面来指引自己。这位良师最好选择和自己没有利益纠纷的人，这样的人才能更客观。

当然，听取他人的建议和意见之后，一定要加以改正。如果他人多次指正之后，你仍没有改正，会给他人留下固执、不听劝的印象，以后或许不会再有人愿意指正你。

第四，及时评估自己。在完成一件事时，要及时评估自己的行为和态度，把存在的问题都记录下来，对处理不善的地方进行反思总结，并时时督促自己改正。

生活中，我们应该时常反省自己，以便更加客观地认识自己，这样我们会变得更有自信，自己的人生目标也会更加明确。这样，不但能够赢得别人的尊重，还能收获更加优秀的自己。

3. 承认自己的缺点和错误

每个人都有错，但只有愚者才会执迷不悟。
——西塞罗

隔壁有一对夫妻，一天，丈夫出去喝酒，妻子考虑到是朋友宴请不好推脱，就同意了。说好不能多喝，点到为止，可丈夫回家依然醉醺醺的。

妻子一开门，丈夫就指着自己的脑门骂道："叫你喝酒，一放你出去就喝多，就不能少喝点！明天还要不要上班，记不记得住，记不记得住？以后朋友拿刀架脖子上也不能喝多！"看他那恶狠狠的样子，妻子笑了。这时丈夫对着妻子说："我训完了，该你了。"妻子哪好意思再训。

这件小事告诉我们，犯了错就要先检讨自己的错误，摆出承认错误下次不犯的态度，别人就会宽容对待，更能化解矛盾，避免争吵和纠纷。

人无完人，每个人或多或少都会犯错。错误是无法避免的，可怕的也不是错误本身，关键在于你是将错就错，还是积极地改正错误。

如果我们能正视自己的缺点和错误，拿出足够的勇气去面对它、承认它并改正它，不仅可以弥补由于错误带来的不良后果和造成的损失，还可以获得他人的尊重。

如果你害怕向别人承认自己的缺点和错误，可以试试下面的方法：

首先，要反思自己，检讨自己的做法和态度存在哪些问题，正确地认识并承认自己的错误，然后表示愿意为自己的错误负责，承担责任。

其次，阐明客观原因。承认错误不单单是把错误全部都揽到自己身上，这样会让别人觉得都是你的错，最重要的是要澄清事实，这里的澄清并不是推卸或者拖其他人下水，只是要把事情讲得清楚明白。

最后，提出解决方案。承认错误的目的是为了改正错误，在承认错误的时候就应该想好改进的措施。这样能够体现你的应变能力快、解决问题的能力也强。

在承认错误的时候需要注意以下几点，否则就会得不偿失。

（1）把错误说得具体一点。有的人做错的时候会轻描淡写地说"我错了"，然后就不了了之，这样会让别人觉得你不诚恳，所以要把错误说得具体一点。

（2）不牵扯别人。在承认错误的时候只说自己的问题，不要牵扯别人，否则别人会认为你在推脱责任，同样的也不要找理由来推脱责任。

（3）及时承认错误。承认错误的时机很重要，不要等别人责怪你之后再去承认错误，这样会让别人觉得你是迫不得已的。

（4）在对方心情好的时候承认错误。如果对方的心情不好，这个时候你去承认错误，有可能会火上浇油。

每个人都有自己的缺点和不足，自然也会犯错。虽然缺点和错误是不可避免的，但是我们要勇于承认自己的缺点和错误，摆正自己的态度，并在认知到自己的缺点和所犯的错误之后，尽量想办法改正。这样不仅能体现你负责任，还能拓宽你的人脉。

4. 学会做自己情绪的主人

能控制好自己情绪的人，比能拿下一座城池的将军更伟大。

——拿破仑

女儿今年上初一，一次数学课，老师出了一道有难度的题。女儿很肯定自己的能力，自信满满地做了，可是无论用什么方法，就是解不出来。

这时，女儿的同桌突然大喊："我做出来了！"然后往女儿的卷子上看了一眼，又重复说了几遍。女儿非常愤怒，可是最终那道题还是没有算出来。

回到家后女儿就向我发泄，不停地说同桌的不是，我叹了口气问她："你总是这样被别人左右的吗？"女儿有点愣住，我接着说："你在这儿生气，别人又没感觉，这么轻易就受别人影响、被情绪控制？"

我的话让女儿惊醒，她立刻跟我道了歉，然后回房间做那道数学题，最终做出了正确答案。

女儿由于不会控制情绪，回家之后就把怒火发在我身上。生活中有很多这样的例子，由于自己被情绪左右，波及他人，从而影响自己的人际关系。

情绪是可以被认识和管理的，我们的情绪有很多类型，无论是积极的还是消极的，都会通过面部表情、肢体语言表达出来，从而影响到我们的心理和生理。因此，我们必须学会管理情绪、学会做自己情绪的主人。管理情绪可以从以下五个方面入手。

（1）时时关注自己的情绪。经常提醒自己"我现在是什么心情"。比如你因为朋友约会迟到而不再理会他，就问问自己的情绪，如果你察觉你经常对朋友生气，你就要对自己的情绪做出相应的处理。时时关注自己的心情，是做自己情绪的主人的第一步。

（2）适当地表达自己的情绪。人一定会有情绪，压抑自己的情绪，可能会引起更加强烈的爆发。所以情绪需要表达，但是要以适当的方式。还是朋友约会迟到的例子，如果你告诉他："你一直没来，我很担心。"这就是恰当的表达，会让对方察觉到你是在担心他，更能表达你的心情。但是如果你告诉他："我等你那么久，你每次都迟到。"这样双方可能会因此而吵架。

（3）以恰当的方式释放情绪。释放情绪的目的是让自己的心情舒畅，以更好的精神面貌面对困难，而不是暂时逃避痛苦。所以要找健康的方式释放不良情绪，可以找朋友倾诉，逛街、听歌甚至是大哭一场，而不是用酗酒、飙车等危险的行为来排解情绪。

（4）找一个生活中积极乐观的榜样。比如你身边快乐、出色的人，把他作为你的榜样。虽然你们的性格不同，但是你可以用你的方式来模仿他做的一些事。从他身上你总能看到从来没察觉到的自身潜能，你会在追赶他们的过程中提高自己的情商。

（5）从难以相处的人身上学到东西。我们周围有很多牢骚满腹、横行霸道的人，他们是我们提高情商的好帮手。我们可以从多嘴多舌的人身上学会沉默，从脾气暴躁的人身上学会忍耐，从恶人身上学到善良。

一个人如果控制不了自己的情绪，就容易被情绪左右，影响自己心情的同时还会波及他人的情绪。所以我们要做情绪的主人，学会积极乐观地面对困难，即使情绪不当，也能自我调节和排解，不影响他人。

5. 如何调节你的情绪

有了快乐的思想和行为,你就能感到快乐。

——戴尔·卡耐基

那天我去专柜买东西,将包放在柜台上。这时候有个很漂亮精致的女人走了过来。为了不影响她选购,我礼貌地把我的包拿开。没想到却引起了她的误会:"你什么意思?当我是小偷吗?"听完她这话,我一下子火冒三丈,说了句"神经病"之后,就走出了商场。

出来之后,我的心情依然很糟糕。马路就像是停车场一样,一眼望不到边。于是我坐在车里拼命地按喇叭,试图去发泄被人误解的情绪。

好不容易到了一个岔路口,却发现对面来了一辆大卡车,我只得减速缓行,没想到卡车却先慢了下来,司机鸣了一声笛,示意我先过去。擦肩而过时,我看到他脸上挂着开朗愉快的微笑,那一刻我满腔的不愉快突然全部消失得无影无踪。

回家之后,我又想了这件事:那位女士不知从哪儿受了气,把这种坏情绪传染给了我,于是我觉得整个世界都充满敌意,每个人都在和我作对,直到看到卡车司机的笑容,我才重新拥有好心情。

所以情绪具有传染性,坏情绪更具有破坏性,不仅影响自己的心情,还有可能让身边的人也跟着不高兴。因此我们需要掌握一些调节情绪的方法。

(1)语言暗示。当情绪波动较大时可以通过语言暗示的方法来调节。告诉自己:愤怒和伤心都是于事无补,要么接受现实,要么就想办法改变它。这种自我暗示,可以排除杂念,放松心情,有效调节自己的不良情绪。

(2)转移注意力。如果觉得自己的情绪比较激动,有控制不住的趋势时,可以通过转移注意力的方法使自己放松下来。可以找一本有意义的书读，跟朋友一起去爬山或者做一些运动等，总之一定要让自己有心灵寄托。

（3）向人倾诉。心情不好的时候可以找一个可以一吐为快的朋友或者亲人倾诉，将自己的苦处和盘托出，最好能得到一些安慰或者建议，这样你会发现整个人都轻松了很多。

（4）平常可以做一些培养耐性的训练。可以结合自己的兴趣爱好，选择几项需要静心、细心、耐心的事情做，比如练字、画画、制作精细的手工艺品等，这样不仅可以陶冶性情，还可以丰富业余生活。

情绪的低落，会影响我们的生活以及日常的工作学习。以上这些方法，无论是自我排解还是合理宣泄，都能让我们在遇到让自己不快的事情时，以乐观、幽默的心态来调节自己的不良情绪，及时缓解自己的情绪。

6. 遇事别着急，懂得换位思考

> 当我们爱别人的时候，我们也希望别人爱我们。
> ——卢梭

下班之后，和同事约定一起去逛街，结果我左等右等，她就是没有出现。我有点不耐烦了，打电话给她，她竟然跟我说去医院看望朋友去了。

我强压住怒火，挂了电话，越想越生气。之后她给我打了好几个电话，我都因为生气故意没接。

过了一会儿，我的心情好了一些，想到前几天我也因为有事没和她打招呼，让她等了很久，她当时的心情肯定和我现在一样，况且她之前也和我说过她的朋友病得挺严重的，没告诉我估计也是因为情况特殊，这样一想，所有的不快都消失了。

与他人产生误会时，适当地站在对方的角度考虑，通过有效的沟通，可以有效避免矛盾的扩大，从而有利于事情的解决。

大部分人总是希望得到他人的尊重和理解，而自己却不愿意理解他人。总是习惯于从自己的角度思考问题，由于认知的片面性，往往导致很多误会产生，如顾客认为营业员态度不好，营业员觉得顾客总是找麻烦；领导觉得下属不服从管理，下属觉得上级不了解实际情况，这些误会往往会使彼此沟通出现一些不必要的障碍。

如果想要克服这种障碍，人与人之间就需要坦诚相待，需要换位思考，即站在对方的角度设身处地为对方着想。因为在换位思考的过程中，不仅可以理解对方，更能察觉到自己的问题。这样，人与人之间的关系就可以越来越融洽。

那么，如何才能学会换位思考呢？

（1）加强沟通。遇到问题，产生矛盾时，就要去沟通，通过沟通可以更多地了解对方，更好地站在对方的角度来思考问题。

（2）以诚相待。坦诚地与对方相处和沟通。根据遇到的问题，设法征得对方的意见和建议，这样可以从侧面来了解对方的性格特点，更重要的是，了解对方处理问题的特点和做法。

（3）站在他人的角度思考问题。如果自己无法理解对方的行为时，可以试着从他人思考问题和解决问题的角度出发，想象一下，如果自己遇到这种情况，处在同样的位置和环境中，自己会怎么做。当这样想的时候，问题就可以得到很好的解决，双方的矛盾就可以及时化解。

（4）体验他人的生活。由于每个人生活环境不同，如果想要了解一个人，站在他人的角度思考问题，就要试着去体验他的生活环境，这样可以更好地去了解这个人。

在人际交往中，如果出现矛盾和误会，就要学会换位思考，站在对方的角度去思考问题，而不是只考虑到自己。通过换位思考，既可以多方位、多角度地看待问题，避免片面性地认知错误，还可以与对方达成共识，相互理解和尊重。

7. 自我肯定，但要适度

<blockquote>最可怕的敌人，就是没有坚强的信念。

——罗曼·罗兰</blockquote>

日本的小泽征尔先生是一位国际级大音乐家、著名指挥家。然而，最初他的才华没有表现出来的时候，他只是一个名不见经传的小人物。为了展示自己的才华，他决定参加贝桑松的音乐比赛。于是他满怀信心来到欧洲，可是到了当地，他遇到一个大难关。因为他的证件不齐全，所以不具备参赛资格。但是小泽征尔坚信只要能够参加这次比赛，自己就可以取得成功。他并没有放弃，而是尽自己的权利去争取参赛资格，在他的不懈坚持之下，最终小泽征尔站上了比赛的舞台，不仅获得了冠军，还因此在全球音乐节占据了一席之地。

从小泽征尔的身上，我们看到了一种不抛弃、不放弃的精神，为了能参加音乐节，他来回奔走，尽了自己最大的努力。如果他不肯定自己的才华，没有坚持到最后，那他肯定与贝桑松国际指挥比赛的冠军无缘，也不会在那么短的时间里成为享誉国际的名指挥家。因此，只要我们坚定信念，自我肯定，我们就可能抓住获取成功的机会。

当然，自我肯定要适度，不能自负自傲，过度肯定自己会使自己膨胀，极其骄傲不易交到真心朋友。

如果想要适度地肯定自己，可以试试以下的方法。

（1）通过量化成绩，肯定自己的价值。定期对自己的学习生活做总结，列出几项在学习或者工作中比较满意的成绩，尽量具体描述，最好要量化，比如你看了多少本书或者在工作中出色地完成了多少任务等。用事实来证明自己的能力，体现自己的价值，这样你就能对自己有具体的把握了。

（2）勇于表现自己。如果工作生活中遇到适当的活动，就要积极参加，把自己的能力展现出来。通过大胆地表现自己，或许会发觉一些自己没有意识到的能力，这样可以更好地认识自己、肯定自己。

（3）遏制消极思想。多想一些积极乐观的事，每当自己有消极的思想，比如"不行，我做不到，这太难了"，就要立刻告诉自己"停止"，甚至可以大声说出来，压制住内心恐惧的声音。

（4）将积极的思想转化为行动。有了积极的思想，一定要去付诸行动，这样思想才有意义。通过不断地实践充实自己，可以使自己变得更有自信。

（5）接受批评。自负的人多数不愿意改变自己的现状，也不愿意接受他人的观点。这样，人就很难进步，所以为了避免自负，我们应该接受他人对我们的批评，汲取他人批评中正确的观点加以改正。

（6）说话时正视别人。与他人交谈时，如果不正视他人，不但会暴露你的自卑，还会让他人有不被尊重的感觉。正视别人能够体现你的诚实、自信，更能赢得别人的信任。

我们可以通过上述方法学会客观地认识自己，肯定自己，清楚地了解自己的优点并合理利用。但是，肯定自己要适度，不能过分关注自己的优点而忽略自己的缺点，要以客观的心态看待自己的缺点和不足，并积极改正。

8. 如何培养同理心

> 把自己体验到的感情传达给别人，而使别人为这感情所感染，也体验到这些感情。
>
> ——托尔斯泰

三岁的侄子生病去看医生，打点滴时一直哭个不停。

妈妈："小宝最乖了，我们不要哭了好不好，等下给你买糖吃……"

爸爸："你要是再哭，警察叔叔可要来了啊……"

可是任凭爸爸妈妈如何威逼利诱，他就是啼哭不止。

正当爸爸妈妈束手无策的时候，一个护士走了过来："宝宝，打针很痛是吗？姐姐也非常害怕打针，每次打针，姐姐也像宝宝一样。"说完，还做了个哭泣的表情。

看到护士的表情，宝宝停止了哭泣，笑了起来，接着主动和护士聊起天来。过了一会儿，他安静地睡着了，再也没有哭泣。

在这件事上，护士充分利用了同理心来安慰小宝，让他接受了打针的过程。

那么什么是同理心呢？

同理心就是站在对方的角度上，客观地去理解对方的感受，并且把这种感受告诉对方。所以同理心包括两部分，第一是辨别，就是站在对方的角度去了解对方的感受；第二是沟通，就是把你所了解到的对方的感受表达出来，让对方知道你已经了解了。

在这里要注意区分同理心和同情心。同理心是了解他人并回应他人的感觉，使对方宣泄情绪，更好地与你沟通，双方通过分享这种感觉，彼此关系变得更密切。而同情心仅仅是认知到别人的痛苦，并引起恻隐之心。

那么如何才能培养同理心呢？

（1）耐心倾听。如果你总是习惯去唠叨或者训斥别人，就不会有同理心。所以我们首先要学会耐心地倾听对方说了什么，学会捕捉对方说的话中所包含的深层意思。

（2）适当地表露自己。花一点时间，说出自己相似的经历，重点表露自己当时的感受。通过表述这种有共同感受、经历和价值观的事情，可以更好地拉近彼此的距离。

（3）先关注心情，再处理事情。在沟通的过程中，首先要注意到对方的感受，站在当事人的立场上了解他的心情，然后把你了解到的对方的感受告知对方，最后再去处理事情。

（4）保持合理的距离。当对方和你分享自己的事情时，如果你有相似的经历，或许会太过投入，由朋友的叙述想到自己的经历，从而将悲观的情绪传达给你的朋友。所以在倾听时，理解对方的感受同时也要保持清醒的头脑。

（5）多练习。同理心需要练习，才能培养良好的习惯。在日常的工作和生活中，如果你有朋友、家人或者同事向你倾诉时，你可以试着用同理心与他们沟通，这样不仅可以使你更具有同理心，还可以改善你的人际关系。

一个人必须要有产生同理心的习惯，我们才能说这个人是具有同理心的。所以在日常生活中我们要勤加练习，不仅去认知别人的情感和行为，还要学着理解与支持。成为一个具有同理心的人，不仅可以沟通促进双方之间的信任，还能改善自己与其他人的关系。

9. 如何正确处理你的人际关系

> 交易场上的朋友胜过柜子里的钱款。
>
> ——托·富勒

小蕾是一名大一新生，结果入学没多久就想退学。经过了解才知道，原来她觉得同学们都瞧不起她，总是在背后议论她。时间一长，她就开始有抵触心理，一回到寝室，她就觉得胸口发闷，烦躁不安。

小蕾之所以产生退学的想法主要是因为没有处理好大学生活中的人际关系，对同学敏感多疑，进而觉得与周围的环境格格不入，产生了心理压力。其实我们很多人都会遇到类似的问题，不知道或者没有办法处理好自己的人际关系，导致我们的工作生活产生很多的问题。

当一个人的人际关系融洽的时候，他可以从别人的信任和支持中得到关怀、爱护、尊重。这不仅有利于学习、工作和生活，而且也有利于自己的身心健康。相反一个人如果没有处理好自己的人际关系，则会产生思想上的压力，情绪上必然会受到干扰和影响，造成身心上的损害和工作的被动。

那么如何正确处理自己的人际关系？

（1）给人良好的第一印象。人际关系是在交往中产生的，交往开始的时候，人们首先关注的就是第一印象。如果你在与人第一次交往时，留下一个好印象，那么别人就会乐意和你继续交往；相反，如果你在第一次的交往中就留下了不好的印象，通常很难挽回。那么怎样才能留下良好的第一印象呢？①注重自己的外表。一般情况下，外在仪表更有魅力的人会让人觉得更友善，也会让人更加想要继续交往，所以得体的衣着、打扮很重要。所谓的得体就是要符合自己的年龄、性别、职业，还要注意地点和场合。②待人要真诚热情。一般情况下，对方总是先认可说话的人，然后才会接受其陈述的内容。所以待人要热情，尽量多微笑，不要高谈阔论，否则容易使对方感到厌烦。③多听少说。在第一次交往的时候，展现自己固然很重要，但是，耐心地倾听他人讲话也同样重要，这样能够体现你是一个有分寸且稳重的人，更利于后续的交往。

（2）主动与他人交往。很多人虽然有很强烈的与他人交往的欲望，但仍然没有良好的人际关系，其中一个重要的原因就是比较被动。因此要赢得别人的好感，和别人建立良好的人际关系，就需要做交往的主动者。

（3）掌握人际交往中的"度"。与人交往要掌握合适的度，首先对交往的对象要有所区别，清楚哪些是可以深交，哪些需要浅交，哪些是不能交往的。其次，交往的频率要适度。即使是好朋友，交往也不应该过于频繁，需要保持适当的距离，留有新鲜感，否则时间久了会感到厌烦。最后，说话要有分寸。即使是老朋友，在交往中也要注意说话的分寸，话别说过头，更不要提一些过分的要求。

如果想要改善自己的人际关系，就需要从各个方面锻炼自己，努力克服自己的心理障碍，从而更好地与人交往。当然这些方法只是一些理论，最重要的是你要结合生活去运用它，这样你才能更好地处理自己的人际关系。

10. 生气是拿别人的错误来惩罚自己

<blockquote>
动辄发怒是放纵和缺乏教养的表现。

——普鲁塔克
</blockquote>

朋友小Z因同事生病请假，就帮她做了还剩一半的工作，最后签了自己的名字。

几天之后，经理把方案书甩在小Z面前，批评她这么简单的工作都会出错。小Z向经理解释，出错的部分是同事做的，可是经理完全不理会，还指责她推卸责任。从头至尾，同事一句话都没有说。

小Z十分委屈，不停地哭诉同事不负责任，经理不明事理，甚至萌生了辞职的想法。后来其他同事建议她先把方案书改正，其他的先不要管。

小Z虽然不甘，可是第二天还是把方案改好交给了经理。经理收到改好的方案没有说什么，但是对小Z能改正错误还是很满意。当时虽然小Z是代人受过，但勇于承担责任，在大家知道真相后，更能博得大家的尊敬。

生活中有很多不公平的事，如果别人犯了错误，我们因此而生气、发怒，可是对方却并没有感到内疚或自责，这样不仅会破坏我们自己的心情，还会让事情变得更复杂。这种做法就是在拿别人的错误惩罚自己，得不偿失。

为了避免我们因别人的错误而影响到自己，我们应该沉着、冷静，避免不必要的争吵，以积极乐观的心态面对生活。

如果不想因别人的错误惩罚自己，可以试试以下几个方法：

（1）避免与别人发生冲突和争吵。①留面子。一定要给别人留面子，尤其是在很多人的面前，即使是别人有了过错，也要给别人留有余地，否则就会伤害别人的自尊，矛盾和冲突就无法避免。②禁止背后说别人坏话。有什么话在当事人面前说，不要在背后说人家坏话，世上没有不透风的墙，隔墙有耳，如果挑拨离间破坏了别人的名声或者扭曲了事实，冲突矛盾就会随之而来。③禁占别人财物和利益。不是自己的东西，就不要据为己有，否则肯定遭到别人的反对或者报复。④禁止说脏话。当发生问题的时候，不要一时冲动口吐脏话，那样的话就会侮辱别人的人格和自尊，矛盾和冲突就很可能引起。

（2）合理沟通，自我安慰。如果已经和身边的人发生了冲突，可以通过合理有效的沟通来缓解矛盾。如果在购物时买了假冒伪劣产品或被骗子蒙了，就给自己适当的心理安慰，权当交个学费，吸取教训就完了。

（3）经常利用节假日外出旅游。利用节假日外出旅游，离开喧嚣的大都市，走向宁静、清新的大自然，积在心中的任何阴影都会一扫而光。另外，参加体育文艺活动、观看演出等都是营造良好心境的好方法。

遇到矛盾不要一味地责怪他人，更不要祈求他人会理解你，客观地从自身找原因，久而久之，你就会更加客观地认识自己，从而改正自己的缺点，弥补自己的不足，也不会轻易被他人左右。

11. 如何化解你的愤怒

愤怒以愚蠢开始，以后悔告终。

——毕达哥拉斯

简宁是我同事的孩子，有一天她一回到家就对我同事大叫："妈妈，我没法打棒球了，我没有衬衣！"一听这话，同事有点生气了，因为光是今年就给孩子买了至少六件衬衣。结果简宁不知道珍惜，丢三落四。同事刚要发火，最后还是忍住了，她温和地说："我记得上周末你和你的小伙伴一起去体育场打球，是不是放在那儿了啊？还有，你上次还和我说你想和你朋友换衬衣穿的，你问她那儿有没有？要是真找不到的话，妈妈就给你多买几件。"

妈妈的话让简宁想起来她的衬衣放在哪儿了，她马上跑到体育馆和朋友家，拿回了自己的衣服。

简宁妈妈并没有因为简宁做事没有条理还胡乱发脾气而指责她，而是选择另一种方式，即冷静地帮她分析问题。后来她和我说："我从来不跟简宁发牢骚，指责她没有条理、不负责任，也从来不翻旧账，因为我知道这样对于事情的解决并没有好处，相反还会破坏我们之间的感情。"

生活中，愤怒无处不在，例如夫妻吵架拌嘴，员工抱怨老板苛刻，甚至下班路上堵车也会让我们破口大骂。这些愤怒是我们的本能反应，但是有时我们不只会发怒，还会因发怒而做出一些冲动的行为。我们不能避免自身的本能反应，但是我们可以学会控制和调节它。

以下是关于如何化解愤怒的一些建议：

（1）深呼吸。人在愤怒时，会伴随着一些生理反应，比如心跳加速、呼吸急促等。深呼吸有助于放松自己，使人心跳减缓、血压降低，情绪得到放松，心理压力得到减轻。

（2）明确告诉自己："我生气了。"当你愤怒时，为了避免自己在无意识的情况下口不择言，可以直接承认自己生气了，大声地说："我生气了！"告诉自己也告诉对方，可以使对方终止不当的言行和动作，也不会让不良情绪憋在心里。

（3）转移宣泄。不良情绪一定要得到适当的释放，否则长期压抑，容易影响身心健康。当你心情烦躁、想要发怒时，可以做一些其他的事来转移注意力，比如听歌、看书或者换上舒服的家居服，在自己的房间里蹦蹦跳跳，这样既可以宣泄自己的不良情绪，又能避免伤害他人。

（4）做一些高强度的锻炼。做一些高强度的运动比如跑步、游泳、打排球网球等，不仅可以减轻压力，还能有效地缓解负面情绪。

在我们的工作生活中，难免会遇到一些小摩擦，如果经常因此而发怒，不仅会影响到我们的身心健康，还会影响到自己的人际关系。所以在面对自己的愤怒情绪时，应该学会用适当的方式来化解，或许你会收获一个不一样的自己。

12. 情绪低落时，你该这样做

> 世界如一面镜子：皱眉视之，它也皱眉看你；笑着对它，它也笑着看你。
>
> ——塞缪尔

邻居王丽在一家国企单位上班，因为孩子小，家里经济条件又不允许请保姆，平时上班的时候，她就把自己的孩子带到公司去。这让很多同事反感，总是有意无意地讽刺她，排挤她。为此，她的情绪一度很低落，有时候甚至还把坏情绪发泄在孩子身上。

她老公平时工作很忙，对家庭的事情很少过问，这让她觉得老公自私且不负责任，经常恶语相加。结果老公无法忍受，回家更是越来越晚。

因为没有人和王丽沟通，她自己也没有办法将自己的低落情绪排解，导致她经常被情绪控制，不停地责备别人，与他人的关系更加恶劣。

生活中难免会遇到情绪低落的时候，不仅会胡思乱想，还什么都不想做，缺乏干劲，严重的还会因此得抑郁症。所以面对情绪低落我们不可以轻视，而是要选择适当的方法来调节和控制，改善自己的低落情绪。

（1）保证睡眠质量。如果经常睡眠不好，就容易疲劳、精神不振，在遇到一些不顺心的事时更容易心情低落。所以我们要保证充足良好的睡眠质量。

（2）做运动。每天保证一个小时左右的运动，既会增强体力，还能提高情绪，减轻压力，使自己心情愉悦。较适宜的运动有慢跑、跳舞、练太极拳等。

（3）看喜剧。在心情低落时，可以看一些轻松愉快的喜剧电影，让自己开心起来，忘掉不快。

（4）去旅游。当你情绪低落时，可以去附近走走。比如去爬山，因为爬山需要耗费力气，这样可以将自己的不快发泄出来，还能欣赏风景，人自然就会精神焕发；也可以去其他城市走走，换个环境，改善自己的心情。

（5）专心投入到工作中去。人在空闲的时候容易胡思乱想，想多了可能就会情绪低落。所以，可以专心致志地投入到工作中去，一旦忙了起来，就会无暇顾及其他。

（6）合理宣泄。将自己的苦恼向亲人、朋友倾诉，一吐为快。如果没有合适的倾诉对象或不愿意让人知道自己的心事时，可以找一处空旷的地方放声大喊，将低落情绪发泄出去。

（7）专注去做一件你一直想做的事。有些事一直想做，但总是拖延以至于没做成。这种时候，想一件你想做且有价值的事，然后放手去做，因为想做就会更专注，也会更出色地完成。

当情绪低落时，可以通过以上方法自我调节，不要闷在心里。学会调节低落的情绪，人会更加快乐。善于捕捉快乐的人，容易体验到家的温暖，感受到友情的珍贵，即使是细微的快乐，也能让自己开怀大笑。

13. 坦诚是一种良好的品质

坦诚是最明智的策略。

——富兰克林

一天，王莉带着女儿去逛商场，偶遇多年不见的大学同学李杰，彼此寒暄了几句，互留了号码并提议改天一起吃饭。

王莉因为工作繁忙，很快就忘了这件事，而且只当这是客套话。没想到过了几天竟真的接到李杰的电话，邀请她一起吃饭。席间，王莉羞愧地坦白自己并没有把此事放在心上，没想到对方只是笑笑，反倒说欣赏王莉坦诚的性格。之后他们成了无话不谈的好朋友。

人们一般因为听多了这样的客套话，所以并没有在意朋友说的真心话。在生活中有很多这样的例子，说出来的话连自己都不当真，渐渐地与朋友的关系疏远了。

现在的社会，很多人都习惯了功利之心、防备之态，有的人甚至计算成本，将朋友当成一种软性投资，这些杂念仿佛一堵无形的墙，很容易阻隔人与人之间的坦诚交往，让朋友的纯粹变得复杂而有距离，这是很大的遗憾。

坦诚之心诚可贵，如果人与人相互之间丧失了坦诚，缺失了互信，总是用怀疑的眼光去看人看事，那么就丧失了共同相处与合作的基础，久而久之还会产生摩擦和隔阂，所以我们要学会坦诚待人。

（1）使用礼貌用语。如"谢谢""再见""对不起""没关系"等，不对别人说粗话或者做不礼貌的动作。

（2）主动真诚地交友。主动对人友好，主动表达善意能够使人产生受重视的感觉，主动的人往往令人产生好感。当然，主动交友的前提是真诚，人们之间的善意和恶意都是相互的，一般情况下，真诚换来真诚，敌意招致敌意。

（3）遇到事情的时候，可以相互商量，找办法解决。如果你把对方当作是知心和可以信赖的朋友，你自然会把你的快乐和不快与他分享，希望他能够跟你一同感受，帮助彼此成长，而不是相互指责或者抱怨。

（4）不必事事都清楚明白。无论男女朋友或者生活中的朋友，都会有自己的一点小情绪，当不想开口说话的时候，你也可以保持缄默，难得糊涂，一同享受这份宁静，也可以出去喝杯小酒，来缓和这种压抑的气氛。

（5）不在背后议论别人。有什么事要么当面说，要么不说，千万不要在背后说别人的坏话、议论别人或者打听别人的隐私。

（6）说出去的话要尽量做到。如果答应了帮别人做事，就尽量去帮忙试试看，做不到给别人回个电话说"对不起，我尽力了，实在没有办法"，或者说"今天时间来不及了，我明天再帮忙可不可以"，这样的话别人就会觉得你真的很把对方放在心上。

以上说的方法，重点其实是真诚的态度。如果你在意一个人，真诚的态度和行为就会自然而然地表露出来。但你要是对所有人都真诚，一来可能精力不够，二来碰上坏人或者不懂事的人就会遭到背叛。待人真诚的同时记得要保护自己，没有原则的变成烂好人就过犹不及了。

14. 有勇气面对一切困难

>　　苦难对我们，成了一种功课，一种教育，你好好地利用了这苦难，就是聪明。
>
>　　　　　　　　　　　　　　　　　——三毛

同事小A刚进公司的时候，由于对业务流程不是很熟悉，经常遭到领导的批评，以至于她自己也产生疑惑，不知道这份工作是不是该坚持干下去。

有一天，她又被领导批评，回家之后大哭了一场。父亲知道之后，告诉她：你可以明天就辞职，但是这个问题如果你不解决，以后你还会遇到类似的问题。

刚开始小A有点生气，觉得连父亲都不体谅她，可冷静下来，仔细想想，她发现父亲说的是对的：自己总不可能一直换工作吧。后来，小A更加努力地工作，恶补相关知识，虽然偶尔还是会挨骂，不过慢慢得到了认可，赢得了领导的信任。

生活中，困难是不可避免的，困难带给我们的都是负面的影响，但是如果我们积极乐观地面对它，想方设法地解决它，那么困难可能会起到正面的作用。困难可能会激励我们成长，让我们取得成就，也可能会阻碍我们的发展，关键在于你如何面对困难。

（1）改变思路。遇到困难了，我们可以换一种角度来看待问题。比如上司交给你一件你从来没做过的工作，看似困难出现了，但是这个时候你可以换一种思路，如果需要解决这个困难，就要查询资料或者寻求他人的帮助，努力完成工作。在这个过程中，你不仅学会了新的知识，还会给上司留下一个勤奋且积极上进的好印象。

（2）给自己心理暗示，告诉自己"我能行"。面对困难时，我们可以不断地给自己心理暗示，告诉自己"我能行"。这种心理暗示可以使自己更有信心，更加乐观地面对困难，更加全面、客观地认识自己，摆正自己的位置，正视自己的优缺点，接受自我。

（3）平复心情。遇到困难时，有些人往往表现得很烦躁，有时候还会让这种负面情绪影响到身边的人。心情烦躁的时候，我们可以通过与人沟通、做自己喜欢的运动、看电影或者外出旅游等方法来平复心情。

（4）分解困难。遇到困难时，压力会突然剧增，甚至感到精神崩溃，其实我们可以把困难分解。比如我们把困难分解成五个部分，然后分别去解决这五个部分，如果仍然觉得分成五个部分不能解决，我们可以将这五个部分中的每个部分再分解成几个小部分来解决。通过逐步分解，困难就可能会迎刃而解。

（5）适当地寻求他人的帮助。有些困难，我们可以适当地请教他人。所谓旁观者清，他人看问题的角度和出发点都与当事人角度不同，由于不是当事人，看问题和解决问题会比较客观，在请教别人之后往往会有意想不到的收获。

每个人都会遇到困难，重要的是要勇敢地面对困难，然后想办法解决困难。在一步步解决困难的过程中，我们的知识层面会越来越广阔，人也会变得更自信，也许以后某天还会感谢这些困难的出现，感谢它们成就了现在更优秀的自己。

15. 懂得自控的重要性

> 能主宰自己灵魂的人，将永远被称为征服者的征服者。
> ——普罗图斯

同事娜娜经常会做一些计划，例如每天晨跑两公里，看一个小时书，报个英语口语班，然而无一实现。刚开始她还能坚持几天，过不了一个星期又会回到最初的状态。如此循环往复，以至于自己都疲倦了。

娜娜的自控力不是很好，做事又缺乏毅力，所以即便她做再多的计划，其结果都是不能坚持到底，最终导致失败。

生活中，还有很多自控力不好的表现，比如随便乱发脾气、做事半途而废、无故招惹别人等，这些行为严重影响了我们的身心健康以及与他人的和谐关系。

自控力是指人们能够主动控制自己的行为和情绪，既能鼓励自己去做与既定目标相一致的事，又能抑制那些不符合既定目标的愿望、行为和情绪。一个懂得自控的人往往能够控制自己的冲动行为，在面对问题时能够以积极的心态去处理；相反，自控力不足的人往往会激化矛盾。所以，我们要提高自己的自控力，克服惰性，积极主动地实现自己的目标。要想提高自己的自控力，不妨试试下面的方法。

（1）三思而后行。自控力比较弱的人容易冲动，做事不计后果，就会对自己及他人造成不良的影响。所以，为了提高自控力，在做事之前要考虑清楚，这样做会有什么后果，对自己和他人会有什么影响，然后再对自己的行为进行适当的调整。

（2）转移注意力。如果遇到不良刺激，就把注意力转移到其他地方，比如做运动、与朋友交谈或者研究琴棋书画等，可以缓解自己冲动的情绪。

（3）写日记。写东西要组织语言表达自己的感受，这个过程，就是促进自己思考和反思的过程，可以帮助自己走出负面的情绪，理性地看待问题。

（4）在规定的时间内做事。在做某些事的时候可以规定自己在特定的时间内完成。首先使自己集中注意力，静下心来，然后立刻开始做，时间一到就停止，不断重复，直到养成习惯。

（5）找人相伴。找一个自控力强的同伴一起，互相监督，做事的效率会大大提高，也更容易坚持，但是不要过于依赖对方，不能因为对方有事，你就坚持不下去了。

没有人能够完全避免冲动，克制自己所有的欲望，只能通过提高自控力来改善。当然，提高自控力不是一件容易的事，一定要有不达目的誓不罢休的精神，养成习惯，坚持到底，就可以稳定、有序地不断实现自己的目标。

16. 做一个谦虚的人

> 人生道路上能谦让三分，就能天宽地阔。
>
> ——戴尔·卡耐基

有一位刚毕业的大学生，进公司没几天就跟上司说要教上司如何管理公司。上司虽然对他的傲慢很不满，但还是虚心听着。

他自称上一家公司的每个部门都想让他去帮忙，但是他考虑到工资太低才辞职不干的。后来他在这家公司不到一个月，就被开除了。

从这位大学生身上我们可以看到，做人一定要谦虚，不要自视甚高，即使是你对某个领域的知识已经非常了解了，你也应该很谦虚、委婉地提出自己的看法，否则就做不到客观地认识自己，或许会变得过于自负。想要成为一个谦虚的人，在生活中可以尝试以下几个方法：

（1）记录自己做不到的事。不管你多么的有才华，你应该清楚地知道，总有一些事情你是办不到的。你可以找一张纸写下自己做不到但是别人能做到的事情，这让你能更客观地认识自己，既不会自夸又不会过分自卑。

（2）赞扬优秀的人。总有些事是别人比你做得好的，这个时候，你就要学会赞扬。赞扬的时候说话要具体，夸到细节上，这样更能给人真诚的感觉。

（3）让朋友去指正你。一个人是很难全面地认识自己的，但是你身边的朋友可以客观地评价你。与人交往的过程中，如果自己的某些地方做得不对，要主动欢迎别人指正自己的错误，不要急于辩解，要仔细思考事实是否如此。

（4）考虑别人的感受。说话之前要三思，不要让你无心的言语伤害到别人。在与别人交谈时，可以插嘴，但是不能完全地把谈话的重心转移到自己身上来，这样很不礼貌。

（5）接受别人的称赞。在别人夸赞你的时候，有礼貌地接受别人的赞美，不要说"没有没有……"，然后贬低自己。而是微笑着说"谢谢，你这么想我很高兴"，让对方觉得你接受了赞美，并且很开心。

（6）只和那些真正关心你的人分享你的成功。不需要把那些成功的事情都藏在心里，你可以告诉一些真正关心你、支持你、与你关系亲密的人，比如你的爱人、母亲或者几个密友。告诉一个真正关心你的人，对于你的成功他们会很高兴，而如果与不相干的人分享，也许他人会认为你在吹嘘。

俗话说：谦虚使人进步。我们要做一个谦虚的人，对自己要有一个正确的评价和认识，清楚明白自己的不足，虚心向他人学习。学人之长，补己之短，这样我们才能不断地进步，与他人友好相处。

17. 做最真实的自己

> 有勇气做真正的自己，单独屹立，不要想做别人。
>
> ——林语堂

朋友小M唱歌特别好听，但是她却有一口不太好看的牙，所以她从来不会在外人面前唱歌，就连笑的时候都不会大笑。

一次，他们公司年会，同事起哄把小M推到台上唱歌。小M非常窘迫，无奈唱了几句，没想到同事们突然安静下来，随之而来的就是轰鸣的掌声。大家都只注意到她动听的歌声，根本没人在意她的牙。

此后，小M就成了公司的实力唱将，每当有活动的时候，同事们一定会要求她唱歌，当然，她也越来越自信，不再在乎她的牙了。

生活中，我们或许会过分在意他人的看法而无法真正地认识自己，更不用说做真实的自己了。下面的一些方法可以帮助你更加客观地认识自己，做最真实的自我。

（1）列表认识自己。仔细、客观、全面地剖析自己，首先，列一张表格，将你认为的自己身上的优点和缺点都列出来；其次，将现在的自己和过去的自己做比较，看看自己在哪些方面有所改变，变好还是变坏；再次，想想身边的人身上存在的优缺点，自己身上有没有；最后，请朋友来评价自己，看看有哪些是你还没发现的。接下来要继续保持优点并合理利用，将缺点一一改正。

（2）做你一直想做的事。有些事因为很多原因推迟或者拖延导致遥遥无期，比如去旅游、学韩语、学吉他等，现在把这些事写在最醒目的地方，把它当成一个目标，为之努力。没钱就努力工作，没时间就去挤，只要你想到，就一定能做。当你做完你想做的事，就会觉得自己的人生如此充实和有趣。

（3）合理地说"不"。不想被别人左右，就用行动告诉身边的人你是有原则的。如果别人请你帮忙，在不为难自己的情况下，答应了别人就用心做到。如果因为要帮别人做事而影响了自己，为难了自己，那么告诉他："对不起，我不能帮你。"

（4）适当地表示愤怒。想发怒的时候就发出来，但是不要乱发脾气，语调不能重，让对方意识到自己的错误就好。

（5）用心经营与最亲的人的感情。身边会有很多人将自己最坏的情绪留给身边最亲的人，却把好脾气留给别人。最亲近的人虽然永远不会离开你，但同样会因为你的话而受到伤害。所以我们在维护人际交往的时候，更要去用心经营与最亲的人之间的感情。

（6）远离不良朋友。世界上总有些人不适合我们，如果我们仍然去亲近他们，就会消耗掉真实的自己。想要做真实的自己，做一个快乐、自由的人，就要远离那些会浪费我们精力的人。

想要做最真实的自己，一定要学会正确、客观地认识自己，适度地肯定自己和接纳自己，既不贬低自己，又不过分骄傲。在与人相处时，轻松、自在地表现真实的自己，自己感到舒适的同时也能获得别人的尊重。

情商测试题（2）

戴尼尔·高尔曼情商测试题：

1. 坐飞机时，突然感受到很大的震动，您的身体开始随着机身左右摇摆。这时候，您会怎样做呢？

　　A. 继续读书或看杂志，或继续看电影，不太注意正在发生的骚乱。

　　B. 注意事态的变化，仔细听广播，并翻看紧急情况应对手册以备万一。

C. A和B都有一点。

D. 不能确定，根本没注意到。

2. 您带一群4岁的孩子去公园玩，其中一个孩子由于别人都不跟他玩而大哭起来。这个时候，您该怎么办呢？

A. 置身事外，让孩子们自己处理。

B. 与这个孩子交谈，并帮助他想办法。

C. 轻轻地告诉他不要哭。

D. 想办法转移这个孩子的注意力，给他一些其他的东西让他玩。

3. 假设您是一个大学生，想在某门课程上得优秀，但是在期中考试时却只得了及格。这时候，您该怎么办呢？

A. 制订一个详细的学习计划，并决心按计划进行。

B. 下决心以后好好学习。

C. 告诉自己在这门课上考不好没什么大不了的，把精力集中在其他可能考得好的课程上。

D. 去拜访任课教授，试图让他给您高一点的分数。

4. 假设您是一个保险推销员，去访问一些有希望成为您的顾客的人。可是一连15个人都只是对您敷衍，并不明确表态，您变得很失望。这时候，您会怎么做呢？

A. 认为这只不过是一天的遭遇而已，希望明天会有好运气。

B. 考虑一下自己是否适合做推销员。

C. 在下一次拜访时再做努力，保持勤勤恳恳工作的状态。

D. 考虑去争取其他的顾客。

5. 您是一个经理，提倡在公司中不要搞种族歧视。一天您偶然听到有人正在开有关种族歧视的玩笑，您会怎么办呢？

A. 不理他，这只是一个玩笑而已。

B. 把那人叫到办公室去，严厉斥责他一顿。

C. 当场大声告诉他，这种玩笑是不恰当的，在您这里是不能容忍的。

D. 建议开玩笑的人去参加一个有关反对种族歧视的培训班。

　　6. 您的朋友开车时，别人的车突然危险地抢到你们前面，您的朋友勃然大怒，而您试图让他平静下来，您会怎么做呢？

　　A. 告诉他忘掉它吧，现在没事了，这不是什么大不了的事。

　　B. 放一盘他喜欢听的CD，转移他的注意力。

　　C. 一起责骂那个司机，表示自己站在他那一边。

　　D. 告诉他您也曾有同样的经历，当时您也一样气得发疯，可是后来您看到那个司机出了车祸，被送到医院急救室。

　　7. 您和伴侣发生了争论，两人激烈地争吵，盛怒之下，互相进行人身攻击，虽然你们并不是真的想这样做。这时候，最好怎么办呢？

　　A. 暂停20分钟，然后继续争论。

　　B. 停止争吵，保持沉默，不管对方说什么。

　　C. 向对方说抱歉，并要求他也向您道歉。

　　D. 先停一会儿，整理一下自己的想法，然后尽可能清楚地阐明自己的立场。

　　8. 您被分到一个单位当领导，想提出一些解决工作中烦难问题的好方法。这时候，您要做的第一件事是什么呢？

　　A. 起草一个议事日程，以便充分利用和大家在一起的时间讨论。

　　B. 给大家一定的时间相互了解。

　　C. 让每一个人说出解决问题的想法。

　　D. 采用一种创造性的形式发表意见，鼓励每一个人说出此时进入他脑子里的任何想法，而不管该想法有多疯狂。

　　9. 您三岁的儿子非常胆小，实际上，从他出生起就对陌生环境和陌生人有些神经过敏或者说有些恐惧，您该怎么办呢？

　　A. 接受他具有害羞气质的事实，想办法让他避开感到不安的环境。

　　B. 带他去看儿童精神科医生，寻求帮助。

　　C. 有目的地让他接触许多人，带他到各种陌生环境，克服他的恐惧心理。

D. 设计渐进的系列挑战性计划，每一个相对来说都是容易对付的，从而让他渐渐懂得他能够应付陌生人和陌生环境。

10. 多年以来，您一直想重学一种您在儿时学过的乐器，而现在只是为了娱乐，您又开始学了。您想最有效地利用时间，您该怎么做呢？

A. 每天坚持严格的练习。

B. 选择能稍微扩展您的能力的乐曲去练习。

C. 只有当自己有情绪的时候才去练习。

D. 选择远远超出您的能力但通过勤奋的努力能掌握的乐曲去练习。

测题答案及解释：

1. 除了D以外的任何一个答案。选择答案D反映了您在面临压力时经常缺少警觉性。

A=20，B=20，C=20，D=0。

2. B是最好的选择。情商高的父母善于利用孩子情绪状态不好的时机对孩子进行情绪教育，帮助孩子明白是什么使他们感到不安，他们正在感受的情绪状态是怎样的，以及他们能进行的选择。

A=0，B=20，C=0，D=0。

3. A，自我激励的一个标志是能制订一个克服障碍和挫折的计划，并严格执行它。

A=20，B=0，C=20，D=0。

4. C为最佳答案。情商高的一个标志是面对挫折时，能把它看成一种可以从中学到东西的挑战，坚持下去，尝试新的方法，而不是放弃努力，怨天尤人，变得萎靡不振。

A=0，B=0，C=20，D=0。

5. C，形成一种欢迎多样化的气氛最有效的方法是公开挑明这一点。当有人违反时，明确告诉他您的组织的规范不容许这种情况发生，不用力图改变这种偏见（这是一个更困难的任务），而只是让人们遵照规范去行事。

A=0，B=0，C=20，D=0。

6．D，有资料表明，当一个人处于愤怒状态时，使他平静下来的最有效的办法是转移他愤怒的焦点，理解并认可他的感受，用一种不激怒他的方式让他看清现状，并给他以希望。

A=0，B=5，C=5，D=20。

7．A，中断20分钟或更长的时间，这是使愤怒引起的生理状态平息下来的最短时间。否则，这种状态会歪曲您的理解力，使您更可能出口伤人。平静了情绪后，你们的讨论才会更富有成效。

A=20，B=0，C=0，D=0。

8．B，当一个组织的成员之间关系融洽、亲善，每一个人都感到心情舒畅时，组织的工作效率才会最高。在这种情况下，人们才能自由地做出他们最大的贡献。

A=0，B=20，C=0，D=0。

9．D，生来带有害羞气质的孩子，如果他们父母能安排一系列渐进的针对他们害羞的挑战，并且这种挑战是能逐个应付得了的，那么他们通常会变得喜欢外出起来。

A=0，B=5，C=0，D=20。

10．B，给自己适度的挑战，激发自己最大的热情。这既能使您学得愉快，又能使您完成得最好。

A=0，B=20，C=0，D=0。

第三章

情商是高效沟通的密码

1. 管住自己的嘴

说话不考虑，等于射击不瞄准。

——塞万提斯

情商高的人大都知道在什么样的场合该说什么样的话，什么话该说什么话不该说。简而言之，就是情商高的人能够管住自己的嘴。反之情商低的人就管不住自己的嘴，不分场合环境想说就说，不懂得"祸从口出"的道理，也体会不到"恶语伤人六月寒"的感受。

我闺蜜在一家事业单位上班，经常会跟我谈论她办公室的一位同事李姐。李姐性格比较内向，不太爱说话，可每当有同事因某件事情需要征求她的意见时，她的话总是很伤人，似乎有意无意揭别人的"短儿"。

有一次，她们办公室的一位同事穿了件新买的衣服，闺蜜和其他同事都在说"漂亮""合身"，可当这位同事问李姐感觉如何时，李姐直接回答说："你身材太胖，不适合。"甚至还说："这颜色你穿有点艳，显得更胖。"这话一出口，不仅使这位同事很生气，闺蜜和其他同事也都很尴尬。

久而久之，闺蜜和其他同事就把她排除在集体之外，有事情也很少再去征求她的意见。有时李姐也很后悔，可是她就是管不住自己的嘴。

那么高情商的人是如何管住自己嘴的呢？

首先，考虑说话的场合。话出口之前，你要思考这句话是否适合当时说话的场合。比如，办公室是个公共场合，没有秘密，你就要避免抱怨、嘲讽这些敏感的话题。如果是在正式的场合，你就要多听少说。言多必失，你说得越多，缺点暴露得越多，就会影响到自己的形象。高情商的人能分得清说话场合，控制好自己的嘴，不乱说话。

其次，注意你的说话方式。同一句话通过不同的方式说出来，表达的效果也会不同。当别人需要你的意见时，你要注意自己的说话方式，不要批评、指责、讽刺。你可以通过先扬后抑的说话方式来表达出自己的观点，即先说别人的优点，再温和地给出改进的建议。这样更容易被别人接受，起到自己想要达到的沟通效果。

最后，倾听别人，反思自己。要想管住自己的嘴，就要多给别人说话的机会。多听让你有更多学习的机会，将值得借鉴的地方记录下来，便于自己反复学习。当然听到不恰当的地方也要记录下来，用来提醒自己不犯同样的错误。然后通过反思发现自己的错误，将自己说错的话记录下来，反复斟酌，分析错误的原因，对症下药，避免出现类似情况。

管住自己的嘴，就需要多思考，多倾听，少说话，这并不是为了不说，而是为了说出合适的话。

2. 用最准确的词语表达自己的意思

> 语言只是一种工具，通过它我们的意愿和思想就得到交流，它是我们灵魂的解释者。
>
> ——蒙田

现在是一个信息化的社会，人与人之间的沟通交流越来越频繁，沟通交流一直是人们所重视的。语言作为交流活动的主要工具，它的准确性会直接影响着沟通交流的效果，能否使用准确的语言，是能否实现人与人之间良好沟通的重要条件。

如今，我们身边经常会出现因为用词不当或者表达不准确等而造成误会的事情。小李和老公出去度蜜月，回来之后不太高兴，于是我就问她为啥不高兴，她就和我讲了这几天的经历。原来小李和老公去度蜜月之前，在丽江预定好了酒店，由于没有确定旅行期限，所以就与酒店协商住到退房为止，每三天付一次房费，酒店同意了。

但三天后小李去付房费的时候被酒店服务员告知需要马上退房，小李觉得酒店是为了牟取利益而强制自己退房，于是找酒店经理理论，经理解释是因为服务员将换房说成了退房，造成误会。仅仅因为服务员说错一个字，就造成了这样的误会，让原本幸福的蜜月旅行留下了一段不愉快的小插曲，也难怪小李会不高兴。

由此可见，有时候虽然只是说错一个字，表达出来的意思就会相差千里，造成不好的影响。

我们应该怎样用准确的语言表达自己的意思呢？

首先，要掌握尽可能多的词语。词语是语言表达的基础，要把自己的意思表达清楚，前提是掌握足够多的词语。掌握词语要求我们不仅要了解词语的基本含义，即词语的表面意义，而且还要理解词语的引申含义，即该词语在某些场合使用时会出现的其他意思。引申含义往往比较含蓄，带有词语使用者的主观态度或感情色彩以及比喻义。掌握的词语多了，我们的语言表达能力就会提高，别人就可以更容易理解我们表达的意思，从而达到沟通的效果。

其次，要结合场合理解词语。你在表达自己的意思之前，要将选择好的词语放到句子中，结合所在的场合，认真体会它所表达出来的含义，然后对你的选择做出判断。因为相同的词语在不同场合所表达出来的效果会不同，所以我们选取词语时需要在当时的场合中仔细推敲词语表达的效果，选择最准确的词语才会将自己的意思表达清楚。

最后，要组织语言。自己找一个本子，每天总结一天做过的事情，然后试着组织语言将记录的事情表述出来，这需要长期训练才能够取得好的效果。要想准确地表达自己的意思，语言不能过于啰嗦，你要学会归纳，将一段话总结归纳成一句话，用准确的词语组织成最简短的语言表达出来，让别人能够听明白。

语言为人与人之间的交流架起了一座桥梁，而准确的词语是架起这座桥的重要组成部分，我们要用最准确的词语表达自己的意思，达到自己想要的沟通效果。

3. 体态语言才是最真实的语言

> 要注意自己的身体语言，要体现一个成功人士的风范。
> ——余世维

语言并不是人与人之间交流的唯一工具，很多非语言所传达的信息比语言本身更加真实可信。俄国著名作家车尔尼雪夫斯基曾说过："富有表情的眼睛是最美的。"意思是说眼神可以传递出人的内心感受。

不仅仅只有眼神，你的表情、姿态、手势，甚至你的一些小动作都会无意间表达出你内心的真实想法，这些细小的动作、表情等我们称为体态语言。体态语言是人际交往中主要的沟通方式。

在很多时候，肢体动作会在不经意间表露出一个人的心理。有一段时间，乒坛常青树瓦尔德内尔总是中国乒乓球选手夺冠路上的最大障碍，为了研究他，中国乒乓球队观看了他大量的比赛视频，发现他每当紧张时，就会下意识提一下袜子。这一动作暴露了瓦尔德内尔的弱点。后来，只要看到他在比赛时候提袜子，中国选手就知道他开始紧张了，然后就采用策略出奇制胜。瓦尔德内尔不经意间暴露了自己的弱点，成为中国选手战胜他屡试不爽的"诀窍"，由此可见体态语言在我们生活中的重要性。

体态语言往往最能反映我们内心最真实的想法，因为它是我们无意间的动作，这些动作没有经过我们大脑思考就自然而然表露出来了。瓦尔德内尔这种身经百战、内心强大的人尚且不能避免，何况我们这些普通人。

语言可以说谎，但体态语言永远不会说谎。与人交流时，我们要合理运用我们的体态语言，为我们的观点服务。俗语说"眼睛是心灵的窗户"，与人交流时，我们要注意观察对方的眼神，因为从他的眼神中我们往往可以得到更多信息。如果对方的眼神专注，说明他在认真地听我们讲话，反之眼神飘忽不定，说明他心不在焉。当然我们的眼神同样可以向对方传递出一些信息，对方讲话时我们的视线要放在对方的眉宇间，这样不仅不会使对方感到尴尬，而且能够体现我们真诚的态度。总而言之，通过眼神，我们要给对方留下真诚的、值得信任的印象。

与人交流时，要时刻保持微笑。我们的情绪往往最直接反映在脸上，喜怒哀乐，千变万化。喜欢微笑的人给别人的感觉往往是平易近人的，微笑容易拉近彼此之间的距离，同时也能体现我们积极乐观的心态。

与人交流时，要保持合适的姿势。我们与人交谈时的姿势，也会传递出我们内心真实的反应。不要四处张望，这样的举动传达的信息是我们对对方讲的话不感兴趣，会让对方觉得我们不尊重他；不要倚靠任何东西，这样会让对方觉得我们比较随意，对他的话不重视。总之，我们通过姿势传达出来的必须是端正的态度，让对方看到的是认真而不是懒散。

与人交流时，要运用合理的手势。和别人沟通的时候，我们都会不自觉地使用一些手势。所以我们要想运用好手势，就需要了解不恰当的手势，避免使用。双手交叉抱胸，这个动作我们都不陌生，它是一种防御动作，表现对他人的不信任，因此我们与别人交流时要避免出现这个动作。

一个人的眼神、表情、姿势和手势等体态语言丰富多彩，奥妙无穷，不仅能表达语言无法表达的意思，还能表达语言不方便表达的意思，更加能体现人的真实想法。体态语言既可以表达真实的自己，又能够更好地认识别人。

4. 沟通时要注意表情变化

> 表情是思想的写照,眼睛是心灵的窗户。
>
> ——西塞罗

关于表情在沟通中的重要性,美国著名心理学家艾帕尔·梅拉别思提出了这样一个公式:7%的文字+38%的音调+55%的面部表情=信息的总效应。正因为如此,在沟通中,表情的运用就显得尤为关键。

现在我们从几个方面来说明在沟通时怎样通过注意表情变化来提高沟通效率。

第一方面,观察对方的表情变化。沟通时,我们在表述的同时,要注意观察对方的面部表情。我们要根据对方的表情变化来推断对方的真实想法。如果对方表情专注,就说明他对我们所说的内容感兴趣,想继续听下去,我们就要接着原来的思路继续讲下去,并不断完善自己的思路,让自己的内容一直都被对方关注。如果对方表情面带微笑,就说明他对我们讲的内容不仅感兴趣而且很满意,那我们就要围绕所讲话题进行深入的探讨,去迎合对方的兴趣。如果对方的表情凝重或皱眉等,我们就要及时改变自己讲话的思路,迅速地转移话题,换个思路去提起对方的兴趣。

第二方面,适时变化自己表情。我们在与人交谈时,为了不打断别人的话,我们就需要通过表情来表达出自己的意见。当我们对别人的话感兴趣时,就微笑注视着对方,点头示意他继续讲下去,如果对方所讲的内容我们不能接受,表情就要严肃并皱眉,表达自己的不满,提醒对方不要再讲下去。

当我们作为倾听者的时候,要保持耐心,要以开阔的胸襟去倾听,不论谈话的内容是不是我们所感兴趣的,都不要露出不耐烦的表情,我们要礼貌回应,可以微笑或是点头,来表明我们在认真听对方讲话。在对方讲完的时候，我们再发表自己的看法或意见。

当我们作为讲述者的时候，要学会"察言观色"，通过对方的表情变化及时改变我们谈话的内容，让自己的话题尽量去贴近对方的兴趣爱好以赢得对方的好感。

一个人的表情发生变化，就意味着他的内心活动发生了改变。我们要想了解对方内心的真实感受，就需要去注意对方的表情变化，从而帮助我们提高沟通效率。

5. 沟通时姿势很重要

> 从仪态了解人的内心世界、把握人的本来面目，往往具有相当的准确性和可靠性。
>
> ——达·芬奇

与人沟通时，身体姿势往往也能带给我们很多信息。一个人的身体姿势往往代表着一种习惯，是人内心活动的外在表现，所以也会表达我们一定的真实情绪。

小李是一名推销员，他的口才很好，非常自信，觉得与客户沟通起来毫不费力。然而事与愿违，他的好口才并没有为他带来好的业绩。为此他也很苦恼，可是找不到原因。直到有一天老板找他聊天，他才知道自己的问题出在哪儿。据有些客户反映，小李其他的都好，就是说话时的一些姿势让别人感到很不舒服。例如，站着说话时总是晃动自己的身体，坐着的时候喜欢翘着二郎腿，没事还会抖两下。小李业绩不好的主要原因在于他没有意识到说话时姿势的重要性，忽略了别人的感受，因此即使他的口才再好，别人也不会和他合作。

因此，想要更加有效地达到沟通的效果，改善说话时的姿势尤为重要。

那么以什么样的姿势与人交谈，才能给对方留下良好的印象了呢？

坐着说话时，不要用双手抱住脑袋。正确的姿势能充分显示出你交谈的自然，五指并拢或是斜握，很自然地放在腿上，给人一种轻松、随和的感觉。

站着与人交谈时，双手不要反握放于背后，这种手势给人以傲慢之感。双臂交叉于胸前，是一种最常见的姿势，很多人都习惯这样做。其实，这种姿势不适宜于平时的交谈。因此，站着与人交谈时，你应该注意将手指平伸轻放于腿侧，双手不要太用力，以免感到疲倦，同时，也会让人觉得你很拘束。

你也可以将手轻握，很自然地垂在腿侧，就像握鸡蛋时那样。你还可以将双手斜握或是放于身前，这样显得比较随意和自然。另外，两腿应分开与肩同宽，这种姿势安定自然，且不容易感到累。当然，你要注意将身体的重心移到脚心与脚跟部位，只有这样，才能使对方感到轻松自然，同时，也不会让自己感到拘束、疲倦。

当你明白了与人交谈时姿势的重要性后，就应时时处处加以注意，将过去与人交谈时的不良姿势纠正过来。平时要多加练习，使自己的姿势尽量自然。还可以通过学习他人来改变自己说话时的姿势，学习身边做得好的人，观察他们是如何做到举止大方的。从不同的人那里学到对自己有用的东西，并借鉴过来为自己所用。

身体姿势在沟通中起着重要的作用。正确的姿势可以表现出端正的态度，容易取得别人的信任，同时可以帮助我们了解别人的真实想法，将我们的想法传递给别人，帮助我们提高沟通效率。

6. 懂得倾听的人才懂得沟通

> 所谓的"耳聪",也就是"倾听"的意思。
>
> ——爱默生

语言是人与人交流的最直接的方式。说是为了表达自我,而倾听是为了接受对方。可惜的是,大多数人都喜欢说,却很少有人会听。著名记者马可逊曾访问过不少名人,他说过:"许多人之所以不能给人留下好印象,是由于他们不注意倾听别人的谈话。这些人只关心自己要说的是什么,却从不打开耳朵听听别人所说的。"许多人在沟通时,只顾一味地表述自己的观点,不去听别人的想法,导致沟通失败。

琳琳是一位电话销售,她经常和我们抱怨:"一天打那么多电话,说得我口干舌燥,客户就是不买账。而有的销售人员,明明根本没说多少话,客户就顺利签单了。"琳琳都这么努力了,业绩还是不理想,这是为什么呢?从琳琳的抱怨中,我们发现她在与客户沟通时忽略了一个重要环节:倾听!学会倾听,能让客户感觉到被尊重和被欣赏,才能让我们更加了解别人的意思,从而提高我们的沟通效果。

那么,怎样才能做到有效倾听呢?

不轻易打断对方的谈话。沟通时,多给别人说话的机会,不要打断别人的话,这是非常不礼貌的行为。当你打断别人的时候,不仅扰乱了别人的思路,别人还会认为你是个爱表现的人,不尊重他。你要先将对方的话听完,再发表意见,因为直到他把话讲完,他才能听进去你的意见。所以,当你想表达自己的意见的时候,要先让对方把自己的话说完,这样既是做人的基本礼貌,又是让对方认真听你说的关键。否则,对方在听你说话的时候,脑海里还继续着之前未表达完的话题,你的意见将不会被采纳。

随时给予对方应和之声。在倾听时,如果只是敷衍或是木讷地听对方讲述是不行的，还要表现出自己真的在用心地听。所以在倾听的过程中要适时地做出回应，以引起对方的注意和说话的欲望，让对方知道你在认真地听他说话。

肯定对方的谈话价值。在谈话时，即使是一件小小的事情，如果能得到肯定，对方的内心也会很高兴的，同时因为你的肯定，他必然会对你产生好感。在谈话中，一定要用心地去找对方谈话的价值，并加以积极的肯定和赞美，这是获得对方好感的一大绝招。

倾听时加入一些表情或合适的肢体语言。当你与人交谈时，对对方的话题感兴趣与否会直接反映在你的脸上。语言的回应是不够的，所以必须配合恰当的表情，用眼、嘴、手等各个器官去说话，但要牢记切不可过度地卖弄，如过于丰富的面部表情、手舞足蹈、拍大腿、拍桌子等。

避免虚假的反应。在对方没有表达完自己的意见和观点之前，不要做出任何反应。你的任何回应只会阻止你去认真倾听客户的讲话或阻止客户的进一步解释。在对方看来，你的反应等于在提醒他不要继续说了。你如果打断对方的时候正是他要表达关键观点的时候，就会引起他的不满，容易导致你们的沟通进行不下去。

倾听是一种了解别人的方式，更是一种与人交流的智慧，它使我们与别人的沟通更有效。

7. 用友善的方式说话

> 友善的雨点对所有的花卉草木的叶子垂爱。
>
> ——埃·马卡姆

几年前有一部很优秀的电影《人在囧途》，里面有这样一个情节：李成功是一家动漫公司的老板，因为公司业绩不好，就把火气发在了自己的员工身上。他指着小李说："你的智商真的很提神。"然后又对着小张说："你今年还是有进步的，去年你是弱智，今年晋级为愚蠢了。"他对女员工同样不留情面，经常说的一句话就是：谢谢你，让我体会到头发长见识短是一个真理。员工小胖忍受不了老板的不友善，于是主动递上了辞职信，李成功也没打算放过他："这是你本年度做得最正确的一个决定。"李成功说话句句带刺，用这种严厉的说话方式对员工进行批评，让员工产生抵触和反感的情绪，导致公司的经营更加困难。

鉴于此，我们要用友善的方式说话。温和友善的说话方式比咆哮讽刺等不友善的说话方式更加能够让人接受。友善的沟通方式有利于减少对方的抵触和反感的情绪，可以让对方感受到你的善意，从而便于对方冷静地接受你的意见，最终达到你想要的沟通效果。

如何才能让我们的说话方式变得友善？首先，态度要亲和。与人交谈时，态度很重要。微笑可以让你看上去真诚友善，平易近人，可以拉近与别人之间的距离，消除人与人之间的隔膜，可以为你的交流做好铺垫，给别人留下亲和的印象。亲和的态度有助于营造一个友善信任的谈话氛围，在轻松的氛围中更加易于交流，提高沟通效率。

其次，语言要友善。"一句话可以让人笑，也可以让人跳"，在沟通的时候，要注意措辞，使用温和的表达方式。我们要带着善意与人交流，不要恶意批评讽刺。友善的语言能够让人感到被重视，令人产生好感。一般情况下，善意的表达方式更容易被别人接受，反之，严厉的语言不容易被接纳。所以，我们要使用友善的语言与别人交流，从而达到预期的沟通目的。

最后，要有落落大方的动作。亲和的态度和友善的语言都具备了，还需要落落大方的动作加以配合。说话时的动作，是你内心的真实反应，即使你语言表现得很友善，但是如果动作配合不好的话，会让人觉得你说的话并不是发自内心的，而是"虚情假意"。沟通时的动作一定要做到自然，过于亲密的动作会给人一种拘束感和压迫感，而过于生硬的动作会让你看起来很拘谨，所以动作要表现得落落大方，亲近而不亲密，自然而不生硬。

友善的说话方式总会有好处的，这样能给对方留下一道善意的大门，只要对方具有足够的诚意，这扇大门总是能为他敞开。在很多情况下，委婉含蓄地说话也是给自己留着一道大门，人生的很多机遇，都是因为这样一道善意的大门，才会那样固执地找上门来。

8. 与人争辩，点到为止

> 持久的争论意味着双方都是错的。
>
> ——伏尔泰

在沟通中，观点不一致的情况时有发生。许多人为了使自己的观点被别人认可，于是就会与人争辩不休。然而争辩不仅不能解决根本问题，而且还会加剧你与其他人之间的矛盾。

小章是公司新来的高材生，经过一段时间的相处，办公室其他人对他的评价是：性子急躁，总是与人争论不休。有次公司开会，为了激励我们多尝试，不要害怕失败，总经理说了一句话"成事在天，谋事在人"。结果总经理还没说完，小章反驳起来，说老总错了，应该是"谋事在人，成事在天"，他还引经据典，说这句话出自《三国演义》。可想而知，当时的情形有多么尴尬，最后这次会议不欢而散。

其实，不管是"成事在天，谋事在人"还是"谋事在人，成事在天"，都没有关系，老总无非就是想用这句话来激励大家。可是小章不这样想，非要和总经理争论出谁对谁错，造成尴尬的局面，不得不说有点太过较真了。平时与人沟通时，有一些人也会像小章一样，为一点小事就与人争论不休。大部分时候，大可不必这样，即使你不同意对方的观点，点到为止即可，切勿因此影响彼此的关系。

我们每个人因为各自的身份和受教育的程度等方面的不同，面对同一件事情，各自的想法会有所不同。无论你是出于好心想要纠正对方的"错误"观点，还是仅仅想去表现自己，你都要记住与人争辩是一件非常容易引起矛盾的事情。

当然我们不能因为怕与人闹矛盾而不和人争辩，只是要注意争辩的度，要适可而止，避免争论不休。我们怎样才能做到点到为止呢？

首先，我们要学会正确对待不同的意见。当我们与别人观点有分歧时，下意识的反应是试图强迫对方认同自己的观点。但是每个人的认知能力是有限的，你不可能将所有方面都考虑全面。别人的意见是从另一个角度提出的，总会有可取之处，不排除它比自己观点更好。这时候，我们就需要冷静地思考，或择其善者而从之，其不善者而改之。如果我们采用了别人的意见，还应该衷心地感谢对方，这样会使我们看起来谦虚大度。

其次，给对方说话的机会。当别人提出不同的观点时，要让他说完，让别人有表达的机会，一是为了表现尊重对方，二是为了让自己能够更全面地了解对方的观点，好判断他的观点是否可取。努力建立沟通的桥梁，使双方都完全了解对方的意思，不要随意插话，弄巧成拙，否则只会增加彼此沟通的困难，加深对方的误解。

最后，要仔细考虑对方的不同意见。在听完对方的意见之后，首先需要做的不是提出异议，而是找出我们认同的地方，这点很重要。如果对方是正确的，我们理应放弃自己的观点，认同对方的观点。如果一味地坚持己见，只会让自己难堪。当对方的观点不准确时，先要肯定对的部分，然后再提出自己的修改建议。

争辩不是为了分出胜负，而是为了倾听对方的观点，从中发现你没有考虑到的角度或值得你思考和学习的地方。抱着这样虚心、谦和的态度，对方也会更容易接受或者理解你的观点。

9. 不要吝啬你的赞美

> 只凭一句赞美的话，我就可以快乐两个月。
>
> ——马克·吐温

一句赞美的话可以让人开心，可以让人感到温暖。心理学家威廉·杰姆斯说过这样一句话："人性最深层的需求就是渴望别人的欣赏和赞美。"由此可见，赞美对于我们而言是多么的重要。

小莉是一名话务员，每天的工作就是接听电话，为客户解答疑问。因为绝大多数客户都是打电话过来抱怨或者投诉的，所以她一直压力很大，每天都很压抑。一天，她接到一个像往常一样的电话，通话结束之前，客户说了一句话："小姐，你的声音很好听，想必也是个漂亮的姑娘。"听到这句话后，小莉的心情立刻好了很多，一整天的工作都很积极，与客户通话时态度也好了很多，脸上一直都挂着微笑。

一句简单的赞美就能让小莉开心一整天甚至更长时间，可见赞美的力量有多强大。所以不要吝啬你的赞美，因为一句赞美的话，可以传递出一种鼓励、一种信任、一种支持。

事实上，赞美他人也有一定的原则和技巧。赞美不能毫无顾忌、不讲分寸，因为那样只会适得其反。因此，赞美也得讲究一定的方法和技巧，得体的赞美可以鼓舞别人，不得体的赞美只能害人害己。那么，如何赞美才算是得体呢？

赞美要真诚。阿谀奉承不算是赞美，因为那不是真心话。假如你经常说一些违心的称赞，那当你真想赞美别人时，对方恐怕不会相信你。事实上，有很多细节都值得你去真诚地赞扬，根本没有必要说一些违心的话。

赞美要直截了当。在赞美的技巧中，只有直截了当的赞美能在最短的时间内以最快的速度击中对方，让对方感激、感动。因此，不要吝惜赞美的语言，只要对方有好的表现，请马上对他说："你真的太棒了！"

赞美要具体。要想赞美更有力量，那就要针对具体的赞美对象。一般来说，称赞得越广泛、越庞杂，所发挥的力量就越弱。因此，赞扬最好针对一件具体的事情，如"你的领带跟这身蓝色西服很相配"，而不是笼统地讲"你今天穿得很好看"。

在人际交往的过程中，那个能恰如其分地给他人赞美的人，往往会给他人留下深刻的印象，并能因此而获益。赞美是一种有效而不可思议的力量，是取悦他人的最佳方式，所以不要吝啬你的赞美。

10. 寻找对方感兴趣的话题

> 如果你要使别人喜欢你，如果你想他人对你产生兴趣，你注意的一点是：谈论别人感兴趣的事情。
>
> ——戴尔·卡耐基

生活中，每个人都有各自的兴趣爱好，想要与别人建立一个愉快的相处模式，那就谈论别人感兴趣的话题。讨论别人感兴趣的话题，是与对方沟通的一种有效手段。如果你只顾自己的喜好，不去考虑他人，你们的沟通就会出现障碍。因此，在与对方沟通时，为了实现进一步的交流，我们应该谈论一些对方感兴趣的话题。

一家设计公司想要聘请一位著名的设计师做顾问，可是此人性格孤傲，不好相处，拜会几次都无功而返。公关部李小姐知道之后，主动请缨。刚开始，设计师的态度与以往一样。但是李小姐并没有谈论工作的事情，而是仔细看了看设计师家里的装饰。她看到桌子上放着设计师刚画好的一幅国画，墙壁上也挂了很多，知道他肯定是个绘画爱好者，于是边欣赏边称赞道："先生这幅画，景象清雅，意境高远，尤其是那条流水，很有大气磅礴的气势。"这番话让那位设计师顿时有了自豪感，对李小姐的距离一下子拉近很多，之后他们就这个话题聊了很久，而他最终也同意了李小姐的请求——出任公司的设计顾问。

每个人都有各自不同的兴趣爱好，李小姐找到了设计师的爱好所在，并以此为突破口，成功地引起了他的兴趣，从而促成了合作。

沟通前做好准备工作。在与对方沟通前，可以先去了解一下对方的兴趣爱好、特长等。找到之后，我们可以找一些相关的书籍或资料进行学习和了解。因为我们需要有一定的知识储备，才能够顺利地与对方交谈下去。在交谈的时候我们要先引出对方感兴趣的话题，可以适当地向对方请教，把话语权交到对方手里，让对方多说，这样既可以避免自己说多错多，又可以激发对方的谈话欲，可谓一举两得，从而拉近与对方的距离，为自己的沟通目标做好铺垫。

沟通中认真观察。在与对方沟通的过程中，观察对方的表情、动作等。因为一个人的神情动作往往能够反映出他的心理活动，通过这些我们可以得知对方内心的真实想法，从而有助于我们发现对方的兴趣点，寻找有价值的话题。我们还需要注意观察对方的工作环境，比如办公室的家具、装修风格、装饰品、书籍等。观察可以帮助我们更容易地找到对方的兴趣爱好，还可以给我们更多的选择，从中选择自己最擅长和最了解的话题展开交流。

沟通中学会倾听。倾听可以使我们更加了解对方，因为对方说得越多，他所透露出来的信息就会越多，这样对我们的沟通就更有利。通过对方的话我们能够掌握更多的信息，知己知彼，百战不殆，让沟通事半功倍。

与他人沟通的时候，一定要将心比心，多寻找一些能够引起对方兴趣的话题，这样就会在很短的时间内缩短彼此之间的距离，化解心理上的隔阂，实现进一步的沟通。

11. 不确定的事不要妄下结论

> 一个训练有素的思想家的主要特点在于,他不在佐证不足的情况下轻易做出结论。
>
> —— 贝弗里奇

"事莫明于有效,论莫定于有证",对事物最好的证明是看它是否有效,对理论最好的检验是看它有没有证据,没考证过的事,擅自下结论是非常鲁莽的,所以对不确定的事不要妄下结论。

老李的儿子遭遇车祸,正在等待做手术,老李心急如焚,这时有个医生匆忙跑向手术室,他忍不住发火,开始指责这位医生:"你是怎么做医生的?如果里面躺着的是你的儿子,你也会像这样不着急吗?"手术结束,医生走了出来,对老李说了一句"手术很成功"就又匆匆离开了。老李的怒火再一次被点燃,他冲着护士嚷道:"你们医院的医生都这么傲慢吗?对待病人家属都是这个态度吗?"这时护士说:"这位医生的儿子和你儿子一样,现在也正躺在手术室里。"听完护士的话,老李为自己的鲁莽感到羞愧,并向那位医生道了歉。

这个例子告诉我们的道理就是,在不确定事情的真相时,先不要妄下结论。这样不仅容易误解别人,而且还会使自己处于尴尬的境地。

首先,不要主观地做判断。许多人对待一个人或一件事往往会凭自己的主观意向去衡量。比如,他们会认为穿着花哨的人一定就是不务正业的人,穿着正式的人一定就是心胸坦荡的人,这些主观的结论大都是错误的,没有依据的判断,这样会造成"一竿子打翻一船人"的后果。不依据实际情况,单凭自己的偏见就妄下定论对别人是很不公平的。

其次,给出结论之前要询问自己是否已经将问题考虑全面了。不论何时,你在有限的信息下进行概括或得出的结论都有可能是错误的。你不能凭借片面的信息就给一件事做出定论，这样出错的概率会非常大，容易使自己陷入更大的困境中去。在给出定论之前，我们要搜集证据佐证自己的结论，确保是事实之后再将结论说出来。

最后，不要随波逐流。有些人认为如果多数人对某一件事给的结论都是相同的，那么就说明这个结论是正确的，于是就人云亦云。我们应该摒弃这个坏习惯，不要随波逐流，要有自己的判断，对别人的定论，我们也要经过自己的证实，确定准确无误了，才能做出最后的定论。

在对某件事做出判断之前，不要人云亦云。因为没有证实的事情大都不是事实真相，所以我们在不确定某件事是否属实的情况下，不要妄下结论，避免被推翻而引起尴尬。

12. 说服别人的技巧

> 一个具备劝说天才的人，他能说服你心甘情愿地下地狱，并能使你跃跃欲试，巴不得立刻上路。
>
> —— 安·比尔斯

生活中双方观点不一致的情况时常发生。如果处理不好，往往会给人际关系造成直接或间接的伤害，因此我们要学习一些说服别人的技巧。

某个4S店，一个客户在看车，小张作为销售代表一直在一旁为客户介绍，然而客户就是犹豫不决。这时候，店长过来说："这位先生，一看您就非常懂车，是个行家，您现在看的这辆车是新款，我想请您帮我们试试车，估算一下这部车大约值多少钱？"这位客户一听这话来了兴趣，试车回来之后，客户根据车况以及配置，给了一个价格。店长说："如果按照你说的这个价格卖给你的话，你能接受吗？"客户想了想很快就同意了。

店长之所以成功而小张没有成功的主要原因在于，小张没有注意到这位客户的需求所在,而一直在强调车的性能,这些信息对于懂行的客户来说并没有实质性的帮助。店长采用请教的方式,既让客户充满了成就感,又让客户亲自体验了车子的性能,所以最后店长成功了。由此我们可以看出,合适的说服技巧是我们能够说服别人有力的工具。

站在对方的立场。站在他人的立场上分析问题,能给他人一种为他着想的感觉,这种投其所好的技巧常常具有极强的说服力。要做到这一点,"知己知彼"十分重要,唯先知彼,而后方能从对方立场上考虑问题。

寻求一致。习惯于顽固拒绝他人说服的人,经常都处于"不"的心理组织状态之中,所以自然而然地会呈现僵硬的表情和姿势。对付这种人,如果一开始就提出问题,绝不能打破他"不"的心理。所以,你需要努力寻找与对方一致的地方,先让对方赞同你远离主题的意见,从而使之对你的话感兴趣,而后再想法将你的主意引入话题,而最终求得对方的同意。

以退为进。在说服时,你首先应该想方设法调节谈话的气氛。如果你和颜悦色地用提问的方式代替命令,并给人以维护自尊和荣誉的机会,气氛就是友好而和谐的,说服也就容易成功;反之,在说服时不尊重他人,拿出一副盛气凌人的架势,那么说服多半是要失败的。毕竟人都是有自尊心的,就连三岁孩童也有他们的自尊心,谁都不希望自己被他人不费力地说服而受其支配。

消除对方的防范意识。一般来说,在你和要说服的对象较量时,彼此都会产生一种防范心理,尤其是在危急关头。这时候,要想使说服成功,你就要注意消除对方的防范心理。如何消除防范心理呢,从潜意识来说,防范心理的产生是一种自卫,也就是当人们把对方当作假想敌时产生的一种自卫心理,那么消除防范心理的最有效方法就是反复给予暗示,表示自己是朋友而不是敌人。这种暗示可以采用种种方法来进行:嘘寒问暖,给予关心,表示愿意给予帮助,等等。

采用先扬后抑的方式说服他人。其实每个人都希望得到肯定,适时地给予对方鼓励与赞扬往往会使双方的关系更加趋于亲密,然后再说出自己不同的观点。这样一来，就使对方无法拒绝，这个说服的技巧主要是先给予适度的赞扬，以使对方得到心理上的满足，减轻挫败时的心理困扰，使其在较为愉快的情绪中接受你的劝说。

我们每天都会在不同的时间、不同的地点、与不同的人上演着说服的桥段。有些人因为掌握了说服的精髓而使自己的人际关系得到了保护和拓展，而另一些人则因为某个细节处理不当而失去了潜在的人脉资源。你希望成为哪一类人呢？

13. 批评别人要和风细雨

> 世界上极易扼杀一个人雄心的就是他上司的批评。
> ——施考伯

虽然"良药苦口利于病，忠言逆耳利于行"，但是没有人喜欢被批评。批评不一定非要狂风骤雨，有时候和风细雨式的批评效果更佳。

我们公司主管是一个不苟言笑的人，批评别人从来也不讲情面，脸皮稍薄点的女同事被批评后经常都是哭着出来的，然而我们还是避免不了犯相同的错误，因为他的批评让我们意识不到问题出现在哪儿，故而虽然表面接受了他的批评，却根本无从改正。

可见严厉的批评并不一定会起到作用。因为每个人都有自尊心，即使是犯了错的人也是如此。我们在批评时，一定要顾及对方的感受，切不可随意撒气、责备和辱骂别人。下面几点可以帮助我们在批评他人时能够做到和风细雨。

（1）控制情绪，禁用伤害性的言语。当我们批评别人时，控制自己的情绪是非常重要的。为此，我们在批评他人之前，一定要保持情绪稳定，客观地看待对方的错误。要明确一点，批评别人是为了帮助他改正错误，而不是为了惩罚别人或伤害他人，这样才不会只图一时痛快而大发雷霆。在批评时，要斟酌言语，切不可用伤害性、侮辱性的言语批评别人。

（2）批评时要就事论事。当他人表现不佳时，我们应该先把事实讲清楚，比如："今天上班，你为什么迟到了半个小时呢？"而不是说："你到底在搞什么？怎么上班迟到了？"因为这样的批评不是就事论事，容易让对方误以为批评者讨厌自己，会给对方带来消极的影响和打击。

（3）批评时要先扬后抑。这种批评方式即在批评别人时，先找出对方的长处表示肯定，然后再提出批评，而且力求使谈话在友好的气氛中进行，当谈话结束时，再使用一些鼓励性的词语。这种两头表扬，中间批评的方法能减少批评所带来的抵触情绪，收到良好的批评效果，易于被对方接受。

（4）批评时要动之以情。我们要动之以情地说服对方做事，例如，我们可以这样说："我希望你以后准时上班，这样我们相处得会更融洽，对公司管理也有好处。"或者诱之以利地说："我希望你以后准时上班，这样你才有全职奖金。"

（5）不要随处传扬对他人的批评。批评他人时最好是一对一进行，并且批评完之后，事情就到此为止，批评者绝不应该四处宣扬对他人的批评。如果将对别人的批评宣扬出去，搞得众人皆知，只会增加被批评者的思想压力和反感情绪，这是不明智的做法。

威而不怒、心平气和的批评所产生的效果其实远胜于愤怒地斥责对方，因为温和的批评方式体现了对他人的尊重，容易促使对方自我反省，而愤怒的斥责只会激发对方的自我保护心理、逆反心理。因此，批评者在批评别人时要力争做到心平气和、和风细雨。

14. 不在没有意义的争论中浪费时间

> 你赢不了争论。要是输了，当然你就输了；要是赢了，还是输了。
>
> ——戴尔·卡耐基

小王是某银行的大堂经理。一天，银行的业务比较繁忙，很多客户都在等候区等待。等待的过程中，客户多有抱怨。小王就走过去与客户争论起来，造成了很不好的影响。

行长知道这件事之后，就批评了她："你和客户争论有什么意义吗？利用这个时间，你完全可以多接待一位客户，多做一次协调，这样就能减少客户的抱怨了。你要做的是用行动证明，而不是在言语上逞一时之快。"

没有意义的争论，只是在浪费你自己的时间。不要跟别人争论毫无意义的事情，要懂得用事实说话。无谓的争论只能使双方停留在说话的层次，并不会得到具体的结果。证明自己正确的、最有利的证据就是你的实际行动，当行动把一切变成不争的事实了，别人便自然没有底气再跟你争什么，所以不要在没有意义的争论中让你的时间白白流逝掉。

认真聆听对方的观点。当你与别人的观点发生分歧时，你不妨先让对方将他的观点阐述明白，以便理解他的意思。如果不等他表述结束就打断他的话，会让对方产生反感的情绪，与你一辩到底的态度就会越来越强硬，这样容易引起无谓的争论。因此，如果你不愿意陷入无意义的争辩中，你就等对方将他的话讲完，这样会让对方感受到你对他的尊重，当你再发表自己的意见时，对方会比较容易接受。

争论时要给对方留有余地。每当争论的时候，各自为据，往往只会认为自己的观点是完全正确的，而对方的想法完全没有可取之处。其实不管是何种争论，每个人的观点中都会有正确的部分，也会有错误的地方，不可能完全都对。因而当你与别人展开争论时，不妨对对方的某一合理意见做出让步，这样一来，你一定会在某一部分找出彼此都一致认同的观点，同样的，对方也会对你的某些观点表示让步，没有意义的争论就会在双方的让步中得以避免。

温和地说出自己的想法。与人争论时，一定要控制好自己的情绪，切勿使用激烈的言辞去反驳对方，从而导致毫无意义的争论。过激的情绪只会让对方更加反感，反而不会做出让步。相比之下，如果能够心平气和地讲出自己观点的话，则更能够产生好的效果。采用谦逊的态度去说话，对方比较容易能听取你的意见，从而不知不觉地接受你的想法。

主动进行自我批评。当与对方争辩时，如果发现自己的观点有误，就要坦率地承认，主动进行自我批评，那么对方就会谅解你，忽视你的错误，从而争论也会消除。

无休止的争辩为人与人之间的交流设置了一道屏障，想要打破这道障碍，我们就要避免在没有意义的争论中白白浪费自己的时间。

15. 说话时要注意自己的语气

> 声调运用所以具有意义，倒不是仅仅为了嘹亮的唱歌，漂亮的谈吐，而是为了准确地、生动地、有力地表达自己的思想感情。
>
> ——马卡连柯

同样一句话，有的人说出来容易被人接受，而有的人说出来则让人接受不了，甚至还会起到相反的作用，这其中的一个主要原因是说话的语气不同。

记得有一次，公司要求我和同事一起合作完成一项工作，我们分好工后就各忙各的。期间项目经理来催过我们很多次，我的部分完成后，看见同事还没做完,就用质问的语气问他:"你做完了没有?没看见项目经理催过好几遍了吗?"正在忙碌的同事惊讶地抬起头看了看我,然后冷冷地"嗯"了一声。这时我意识到刚才我说话的语气不好,虽然我事后跟同事道了歉,但是我们在以后的相处中还是有了隔阂。

虽然我是因为着急而用了质问的语气,但这种语气容易让同事觉得我是在命令他,让他很难接受,渐渐地我们的关系疏远了。那么怎样选择合适的语气呢?

控制好自己的情绪。你的情绪会影响到自己说话的语气,而你的语气会影响到听话者的情绪。当你情绪好的时候,说话的语气往往比较欢快,那么你和别人交谈过程中,带给对方的就是愉快的感受。如果你的情绪低落,你的语气一般会比较重,听起来比较生硬,通过这种语气说出来的话会让对方感到压抑,难以接受。所以我们在说话前一定要调整好自己的情绪,情绪不好时,可以做几次深呼吸,让自己冷静下来,心情平静了,说的话容易被对方接受。

说话时尽量使用陈述句。一般情况下,陈述句旨在陈述某事、某物,语气不强。相反,疑问句和反问句往往会加重说话的语气。同一句话用不同方式表达出来,效果也大相径庭。比如,"你能完成这项工作"。如果使用反问句的话就是"你不能完成这项工作吗?"陈述句表达出的是肯定和鼓励,而反问句表达的就是怀疑。所以,我们尽量将要说的话转换成陈述句,避免造成误解。

说话前要考虑对方的感受。有人说话只图一时之快,不去考虑别人的感受,从而造成双方的误解。故而我们在说话之前,要先考虑自己的语气能否被对方接受或是给对方带来的感受。想清楚后,如果觉得自己的话不会给他人造成困扰,那就说;反之,你就转换语气再说。

每天坚持记录。养成记录的习惯,将一天的生活内容先写下来,分析不好的语气会给自己带来哪些不利的后果,同时也要将好的语气给你带来哪些帮助也记下来。这样可以更清楚地体会出运用好语气的重要性,从而使你关注自己说话的语气,避免不必要的误会。

音调高低并不能充分表达自己的意思和情感,得体的语气很重要。我们在说话时要注意做到有理也要有礼,有理也不能大声地说。有理再加上得体的语气,才会收到好的沟通效果。所以,控制好说话语气,对任何人来说都是非常必要的。事情有轻、重、缓、急,语气有抑、扬、顿、挫,只有控制好了说话的语气,使说出的话被对方充分理解和接受,才能达到说话的预期效果。

16. 牢记别人的名字是一种美德

> 记住人家的名字,而且很轻易地叫出来,等于给别人一个巧妙而有效的赞美。
>
> ——戴尔·卡耐基

无论对方是女侍或是总经理,在我们跟一个人交往时,名字的神奇作用会显示出来。假如你要别人喜欢你,请记住一条黄金规则:"一个人的名字对他来说,是所有语言中最甜蜜、最重要的声音。"

王华家楼下有个面馆,生意一直非常好,店主非常热情,经常主动找食客聊天。长此以往,就记住了很多客人的名字,甚至一些不常来的客户她也会记住。当下次客人再来吃面的时候,她就会主动打招呼:"张叔,好几天都没见到您啦,还是和上次一样吗?"这让顾客觉得特别亲切,就像是在自己家里吃饭一样,所以就会经常光顾这家面馆,有时还会推荐朋友过来。

由此可见,名字对每一个人都很重要,记住对方的名字,并准确地叫出来,等于巧妙地赞美对方。如果将对方的名字忘了,或者记错了,那对你们的交往非常不利。有的时候,要记住一个人的名字真的不容易,下面介绍几种记住他人名字的方法。

（1）用心听，用心记。我们要把准确记住他人的名字当成一件非常重要的事，每当新认识一个人时，一方面要用心注意听，一方面要在心里牢牢记住。如果没有听清对方的大名，可以再问一次："不好意思，您可以再重复一遍吗？"一定要记住，每个人对自己名字的重视程度绝对超乎你的想象，记错别人的名字很难获得他人的好感。

（2）运用有趣的联想。可以利用对方的特征、个性以及他名字的谐音产生联想帮助记忆。

（3）用笔辅助记忆。如果对方有名片，在取得他的名片后，可以把他的特征、爱好、专长等写在名片背面，以帮助你记住他的名字。如果可以配合照片自己制作一份资料卡会更好。当对方没有名片或没有给予名片时，最好把名字写在一张纸上，名字旁边可以备注一些对方与你谈话时能够吸引你的一些亮点，可以是一句话或是一个字，甚至是他的表情，这些都可以加深对对方名字的印象。不要一味依赖自己的记忆力，万一出错，则得不偿失。

（4）不断重复，加强记忆。在很多情况下，当别人告诉过他的名字后，不过几分钟就会忘掉。这个时候，如果能多重复几遍，就会记得更牢。因此在与对方谈话时，应多叫几次对方的名字，以加强记忆。

（5）事后回忆。与对方会面结束后，通过回忆他的姓名、公司、行业、职务等方面的信息或者是交谈时愉快的细节来加深自己的记忆。定期对名片或自己记录的信息进行清理，并分类管理。养成经常翻看名片和资料的习惯，在工作间隙常常翻一下名片和资料，给对方打一个电话或发一个祝福的短信，带去自己的问候，以加深记忆。

记住他人的名字，是对一个人重视和尊重的表现，是一种美德，会给人心理上带来最体贴的安慰。因此，谁都愿意与能够记住自己名字的人交往，这是沟通交流中一种非常管用的法宝。

17. 拒绝别人的正确姿势

> 说出拒绝的理由时,别忘了为未来的索要留下某种余地。
>
> ——阿瑟·赫尔普斯

在生活中,我们常常会遇到大事小情各种所求,如果不懂拒绝,一味地包揽下来,是不明智的。该拒绝就拒绝,该说"不"时就说"不",不仅对方能收到明确的信息,自己也能放轻松。

玛丽近来觉得心理负担沉重。自从升任公司的人力资源主管以来,不仅工作比以前加重了,而且还需要与不同部门进行沟通,甚至在同一时间,两三个部门需要她协助处理一些事情。玛丽天性乐于助人,不懂得如何拒绝别人,经常会放下自己的事情去帮助其他同事,结果自己每天都要加班到很晚才回家。有些同事工作上出了差错,就会推脱是玛丽的责任。日复一日,玛丽感到工作繁重,内心疲惫不堪,最终病倒了。

相信绝大多数人都曾遇到这样的情况,为求在别人心目中留有好印象,只好接受别人提出的一些要求。然而,有很多事情并不是你想办就能够办到的。受客观条件、个人能力等方面的限制,有的事情凭你一己之力是根本无法完成的。所以,当有人求你办事的时候,你必须先考虑你是否有能力办成功,倘若没有,你就要学会说"不"。

顾及脸面,尊重式拒绝。拒绝别人时,要顾及别人的尊严。因为尊严是一个人活着的脸面,如果失去了尊严,就如同当众被扇了耳光一样,会让人怀恨在心。相反,如果你说话时非常注意他人的脸面,把拒绝的原因往自己身上揽,顾全了别人的尊严,那么别人即使知道你是在拒绝他,心里也会喜欢你,也只有这样,才能赢得别人的尊重。

美言在前,缓冲式拒绝。对于他人的话,人们总会表现出情感反应。如果先说让人高兴的话,即使马上接着说些令人生气的话,对方也能以欣然接受的态度继续听。但是这种拒绝方式需要看场合和时机。如果对方和你关系不错,提出的要求也不是非常苛刻,你试图拒绝时就可以讲好听的话;但是如果对方是不法之徒,又提出一些违背原则的要求,如果你再去讲软话,他就会觉得你害怕他,即使你要表示拒绝,他也不会给你机会了。不过现代社会,属于原则性错误的要求已经越来越少了,更多的还是朋友间的帮忙或者亲戚的帮忙,这样的拒绝就别忘记说些好听的话。这种欲抑先扬的方式,可以给人一个心理缓冲和铺垫,让拒绝不至于显得太直接和僵硬。

自我贬低,友好式拒绝。有很多既没有什么实际意义又浪费时间与精力的活动,我们必须拒绝。这时可以采用自我贬低的方法来拒绝,在玩笑的气氛中拒绝他人,使自己全身而退。比如说,在同学聚会的时候,你确实不会喝酒,你可以说:"我是爸妈的乖孩子,在家里没什么地位,要是喝了酒,那回去后肯定被我爸揍死的,甚至还会被我妈骂死,你们就饶了我吧。"同时,你还可以举一些其他的事例进行说明,或者找一些比较好的借口来增强这种自我贬低的效果。但是"自我贬低"不宜过度,如果使用过度,很容易给人留下"无能""不可靠"的印象,而当自己反过来想求人帮忙时,被拒绝的概率也会大幅提高。因此,要注意"自我贬低"绝对不要使用过度。

说"不"字是很难说出口的,但很多时候我们不得不去拒绝别人。但我们应尽量少用生硬的否定词,把拒绝的话说得委婉一点,这样既能达到自己的目的,又不伤害别人面子,彼此和和气气,何乐而不为呢?

18. 积极的情绪更容易打动别人

> 当生活像一首歌那样轻快流畅时，笑颜常开乃易事；而在一切事都不妙时仍能微笑的人，是真正的乐观。
>
> ——威尔科克斯

雪丽是一家外企的销售总监，超负荷的工作量让她倍感压力，情绪低落，时常止不住地在自己的团队中抱怨、发牢骚，并且对于工作进度的控制、客户的判断再也没有以前那么得心应手了。雪丽为了不再这么消极下去，决定给自己放一个长假，好好调整自己的状态。长假过后，雪丽精神饱满地回归到团队中来，将自己的所见所闻主动分享给大家，用自己积极乐观的情绪感染大家，不仅提高了团队的工作效率，还获得了总裁的赞扬。

由此可见，积极的情绪不仅会影响到个人工作效率，而且对整个团队的绩效提高也有帮助，所以我们要学会用积极乐观的情绪去影响人。

明确和提高自己的优势。实践证明经常做自己喜欢或感兴趣的事情可以增加人的正面情绪，将自己平时喜欢或者擅长做的事情列出来，当自己情绪比较差的时候，可以选择做自己喜爱的事情，转移自己的注意力，从而将消极情绪转化为乐观情绪。

深呼吸调节消极情绪。只要出现消极情绪，我们就会呼吸急促。这时候，呼吸并不是像平常一样源自腹部，而是出于胸腔，身体也无法正常地换氧，所以进行日常居家深呼吸练习很有必要，千万不要等情绪上来了才临时抱佛脚，那样很难迅速见效。练习的时候，以放松的姿势坐在一把舒适的椅子上，以能真切感受自己的呼吸为佳，然后，开始做深呼吸、慢呼吸，并使大脑处于睡着前的状态，放松整个身体。

找到适当的途径排遣和发泄。如果你的情绪低落，但没有途径发泄的话，那你就会一直处于负面情绪当中，因而我们要将不好的情绪发泄出去，换来愉快的心情。比如，伤心的时候听听欢快的歌曲；心情郁闷的时候，可以到外面跑上几圈；心烦时，找自己的朋友倾诉一番等。

用幽默赶走消极情绪。戈尔曼提出，"好笑话"对人的智力大有益处。像讲笑话、听笑话、看喜剧片、多跟幽默的人相处等，这些都能有助于提高人的认知技能，使人变得更乐观、更有动力。向大家透露一个简单的方法，尽量回忆生活中的乐闻趣事。相信每个人都有一些这样的经历，集中精神多想几件有意思的事，这样在需要放松和化解消极情绪时，我们的大脑就能迅速地搜索到资源。

经常进行自我鼓励。用生活中的哲理或一些明智的思想来安慰自己，鼓励自己同不良情绪进行斗争。只要能够有效地进行自我鼓励，就可以有效地缓解自己的不良情绪，让自己转换到正面情绪中来。

积极情绪会扩展我们的思维和视野，提供帮助我们成功的各项资源。积极情绪为我们带来健康，让我们更加坚韧，并抑制无端的消极情绪。获取和调整情绪是我们与生俱来的天赋，我们可以通过自己的努力，实现美好的未来。

情商测试题（3）

心理适应性可以反映情商高低，心理适应性的强弱关系到我们能否工作得愉快、生活得幸福。你知道自己的"应变弹性"指数吗？下面一组测试题将给你一个明确的回答。

1. 当收到来自税务局或环境监理会的一封沉甸甸的信时，你会 ____
   A. 试着自己来弄清事情的缘由。
   B. 装作没看见，随便谁捡起谁去处理。
   C. 找个理由推给办公室其他同事去处理。

2. 你急着赴约，中途却被拥挤的交通所阻，你会 _____

A. 变得急躁不堪，同时想象等候者恼火的样子。

B. 设想等候者会体谅你是不得已而迟到。

C. 很着急，但想想也无益，干脆不去想了。

3. 一件很重要的东西不见了，这时你会 _____

A. 急忙把那些可能的地方找一遍。

B. 疯狂地掀起地毯来搜索。

C. 不动声色地对最近一段时间的行为仔细做一番回顾。

4. 你向来用钢笔写字，现在要你换圆珠笔书写，你会 _____

A. 感到别扭。

B. 有时有点不顺手。

C. 感觉上与用钢笔没什么差别。

5. 你在大会上演说的姿态、表情、条理性及准确性与你在科室里讲话相比怎样？_____

A. 基本上没什么差别。

B. 说不准，看具体的情况而定。

C. 显然要逊色多了。

6. 改白班为夜班之后，尽管你做了努力，但工作效率总不如那些和你同时改班制的人高，是吗？_____

A. 对。

B. 说不上。

C. 不是这样的。

7. 你手头的任务已临近最后的截止日期了，你会 _____

A. 变得更有效率了。

B. 开始错误百出。

C. 心中暗急，但仍努力维持正常状况。

8. 在与人激烈争吵了一番以后,你会 _____

A. 转回到工作上,但有时难免出神。

B. 唠叨个不停,工作量递减。

C. 不受影响,继续专心工作。

9. 你出差或旅游到外地,住进招待所、旅馆,睡在陌生的床铺上时,你会 _____

A. 失眠得很厉害,连调一种睡眠姿势、换一个枕头也会引起新的失眠。

B. 有时会失眠。

C. 和在家感觉没什么差别。

10. 参加一个全是陌生人的聚会,你会 _____

A. 先灌几杯酒让自己放松一下。

B. 有时感到不自在,有时又能从这种状态中摆脱出来,与人相叙甚欢。

C. 立即加入最活跃的一群,热烈谈话。

11. 改夏时制后,你会 _____

A. 在相当长一段时间内发生紊乱。

B. 起初的两三天感到不习惯。

C. 很快就习惯了。

12. 有人劈头盖脸给了你一顿指责攻击,你会 _____

A. 头脑清醒,冷静而适度地予以回击。

B. 一下蒙了,过后才去想当时该如何进行反击。

C. 在当时就还了几句,但不甚中要害。

13. 你事先给一位朋友打电话预约登门拜访,他答应届时恭候。可当你如约前往,他却有急事出去了。这时,你会 _____

A. 有些不满,但既来之则安之。

B. 嘀咕不已。

C. 充分利用这一空档,为自己下一步要做的事计划一番。

14. 只有在安静的环境中，你才能读书，外面喧哗嘈杂之时，你便分心吗？

A. 是的。

B. 看热闹的程度而定。

C. 不，只要不是跟我吵，坐在集市货摊之间也照读不误。

15. 同学们总说小王脾气执拗，难以相处，你＿＿＿＿

A. 倒觉得小王蛮好接近的，大家恐怕太不了解他。

B. 说不上对他什么感觉。

C. 也有同感。

（分值：A项1分，B项2分，C项3分）

解析：

1. 分数为15~29：心理适应性强。

情商高，世界千变万化而你"游刃有余"，生活中的各种压力你常能化之于无形；你的心情愉快、万事如意，这种精神品质有利于你的心理平衡与健康，你是个生命力强的人。

2. 分数为30~57：心理适应性中等。

情商比较高，事物的变化及刺激不会使你失魂落魄，一般情形你都能做出相应的适度反应，可是如果事件比较重大、变得比较突兀，那你的适应期就要拖长。你了解这种情况之后，最好预先准备，锻炼自己的快速适应能力。

3. 分数为58~75：适应能力差。

情商不高，你对世界的变化、生活的摩擦很不习惯，如此磨损，你会过早"断裂"的。不过，只要意识到了，还是有希望改善此状况的。首先，你要从思想上对那些你总是看不惯的东西冷静地剖析一番；其次，要在心理上具备灵活转移、顺应时变的快速反应能力，不要将自己拘禁在惯有的固定模式中。

第四章

良好的情商思维
有助于创业成功

1. 相信自己的员工，适当地放权

> 管得越少，成效越好。
>
> ——杰克·韦尔奇

朋友小陈精明能干，不到30岁就创立了自己的公司。由于做事力求完美，所有事情都亲力亲为，不太相信手下人的能力。

有一次生病住院，小陈担心下属办事不力，工作处理不当，就一边打着点滴一边打电话，等到点滴打完了，他竟然一共打了十几通电话。

小陈的这种行为大大挫伤了员工的积极性，导致公司一直处在一种沉闷的环境中，工作的效率也一直很低，员工跳槽频繁发生。对此，小陈感到很郁闷。

从企业管理的角度来说，适当地放权会提高员工的积极性，公司也更有活力。但是很多公司的管理人员既不敢放权又不会放权。不敢放权通常是因为对员工的工作能力缺乏信任，即便再简单的事情也得自己做才安心；不会放权可能是由于没有明确权利、制度不统一，甚至有权不敢用等原因造成。

那么，作为企业的管理者，我们到底应该如何放权呢？以下这几个原则可供参考。

（1）建立健全公司企业文化。结合实际建立一套符合自身发展的规章制度，内容要全面、合法、操作性强，还要体现人性化管理。同时注重员工素质的培养，积极开展公司文化建设，调动员工积极性，增强团队凝聚力。

（2）明确行动方向。你必须让员工明白放权之后的行动方向，包括要达到什么目标，在什么期限内完成等。你要明白，放权并不是仅仅把权力给员工，而是让员工明白你的期望。

（3）放权之后要适时询问。放权之后不要紧盯着员工的完成情况，也不要不闻不问。可以适时地询问员工的状况，再给予一定的评价，比如"这个地方做得比较好""我觉得那样可能会更好"等。如果工作的时间比较急，可以适当地提醒员工注意进度。

（4）放权可以从小事开始。放权可以先从小事开始，尤其是对待新员工，把小事交给他们，观察并训练他们负责任的态度，这样可以使他们更加自信，同时也可以建立彼此之间的信任关系。

（5）列明清单再放权。管理者可以列出自己即将要做的事，然后将这些事分等级，除掉必须要自己完成的、非常重要的事，剩下的就是可以放权的事，将这些事分给适当的人做，这样会更有条理。

（6）明确职责范围。有些员工或许会做出超越职权的事，所以在放权时要交代放权的范围和底线，防止他们越界。

（7）将权力交给合适的人。每个员工擅长的领域不同，经验、能力、求知欲望也都不同，可以将权力根据任务的不同分给更适合的人，这样可以有效提高工作效率。

（8）必要时提供支持。放权给员工时，也要适当地给他们提供帮助，比如在遇到问题时，告诉他可以向谁请教、求助，或者你直接提供一些建议等。

适当放权的前提是管理者一定要选对人并且信任他，做到用人不疑、疑人不用。适当地放权可以增加员工的积极性，扩大员工的发展空间，还会提高工作效率，同时方便领导者更好地管理公司。

2. 读懂逆商的作用

> 人生的小小不幸，可以帮助我们渡过重大的不幸。
>
> ——伊森伯格

在当今这个瞬息万变、逆境环生的创业时代，失败、逆境出现的频率更高。在面对逆境的挑战时，大多数创业者在没有尝试达到自己的极限，没有完全奉献自己的能力的情况下就停止了前进的脚步，甚至有些人还在诸如雪崩似的一系列变化面前倒了下去。创业者随时随地会陷入逆境，要想取得一定的成就，不仅取决于情商的高低，逆商也是非常重要的决定因素。

十年前，凯恩是银行的一名普通职员，但是他不满足于银行的工作，筹资创业，做起了建材生意。但不久，由于对市场不熟悉，创业失败了，还因此欠下了近500万元的债务。巨额的债务和创业失败的挫败感，并没有使凯恩一蹶不振，他开始总结教训，重新审视市场格局，调整经营思路。经过几年的努力之后，凯恩终于还清了500万元的债务和利息，并成了有名的建材商。

由此可见，具有高逆商的人会把逆境以及逆境造成的原因看成是暂时的，使他们在面对逆境时保持乐观主义精神，产生积极战胜困难的热情。所以，创业者要提高自己的逆商，才能够战胜挫折，在逆境中脱身而出。

逆商帮助我们乐观面对挫折。创业人员若想能够乐观地对待挫折，就需要做到：第一，及时发现自己的优点。发现自己的优点可以使你觉得自己并没有原先预想的那么差劲。当你专门花一段时间去记录你的优点的时候，就会把情绪专注于本身的能力之上，从而可以在优点的激励下，勇敢地去面对眼前的困境，找到合适的解决之道。第二，释放自己的负面情绪。在失败的时候，要学会释放自己的负面情绪，才能给积极、乐观的心态留出足够的空间，可以找一个假想的宣泄对象，比如一个沙包，从而把不良情绪全都发泄到它的身上，释放自己的情绪。

逆商帮助我们学会自我激励。创业失败往往都是自己造成的，只有不断追求自我成长，不断进步，才会取得成功。因此，在与困境做斗争的过程中，只有不断地自我激励，不断给自己充满继续奋斗的能量，才能取得最后的成功。创业者要调高自己的奋斗目标，可以更大限度地激发自己的潜能，让自己在通往创业梦想的道路上走得更长、更远。

逆商可以帮助我们提高耐挫力。耐挫力是指一个人在遇到挫折时，靠自己的那能力摆脱困境并且让自己的心理和行为保持正常的能力。创业者必须要学会在各种各样的逆境中提升自己的耐挫水平，才能够让自己适应逆境，在面对新的挫折的时候才不会产生懊恼的念头。创业者要把平时遇到的每一次逆境，都当作是对自己的锤炼。这样才会战胜逆境，走向成功。

每一个创业者在创业的过程中都会遇到逆境，我们要做的就是提高自己的逆商，在逆境中调整自己的生存策略，做逆境中的强者。

3. 创业有风险，情商定沉浮

> 任何时候做任何事，订最好的计划，尽最大的努力，做最坏的准备。
>
> ——李想

同事的儿子大学毕业之后，没有像大多数人一样选择一份稳定的工作，而是走上了创业的道路。对于他这个决定，同事夫妻二人百分之百支持，前期资金都给他准备好了。可是当那孩子说出他的创业项目时，同事是说什么也不能同意。

同事说她之所以不同意并不是因为她儿子想去农村养兔子，说实话，这确实是个挺好的项目，然而她儿子自小在城里长大，第一没有养殖经验，第二没有技术，第三他也不了解市场行情，肯定是要失败的，与其看着他失败，还不如让他重新选择创业项目。可是那孩子偏不听，大有"视死如归"的劲头。最后，同事妥协，给了他20万元让他折腾。

　　刚开始，这孩子倒做得有模有样，租地、盖房、买兔笼子、食槽、水槽，还买了相关的图书，可是没过多久，问题就渐渐出现了。每天都要打扫卫生，还要给兔子喂食消毒，这是他之前没有做过的，新鲜劲一过就开始觉得厌烦，然后就敷衍了事，这样带来的结果是兔子开始小规模生病，而他完全不当回事，导致肉兔的成活率不到50%，所以第一次赔了些钱。不过他要是能吸取经验，然后从头来过，还是能够成功的。可这次打击彻底让他失去了信心，直接撂挑子了，父母的20万元也就打了水漂。

　　现在我们来分析一下他失败的原因，总结来看，他至少存在三个方面的问题：第一，缺乏吃苦精神，稍微有一点不如意就想放弃；第二，好高骛远，不愿意一步一个脚印，脚踏实地，总想一口吃成胖子；第三，缺乏坚持下去的决心和勇气，遇到困难习惯性地退缩。

　　事实上，这也是很多年轻人都存在的问题，更是很多创业者不得不去解决的难题。现在越来越多的青年人投入创业的大军当中，他们的学识、热情以及闯劲大大提高了创业的成功率。然而我们都知道创业之路不可能平坦，总会遇到很多的问题。只有把这些问题都解决了，我们才能保证自己的创业项目顺利进行。那么在创业过程中，我们应该如何做呢？

　　第一，创业者必须具备强大的心理素质和意志，这可以说是创业者创业成功的最主要因素。创业过程其实就是一个不断面对困难并且战胜困难的过程，而且有些困难会超过我们的想象，这时候如果我们总是瞻前顾后、裹足不前，那么等待我们的只能是失败，而如果我们凭借自己的心理素质和意志最终坚持下去，迎接我们的也许就将是辉煌的明天。自古成大事者，无一不是在绝望之中坚持到底的人。

　　第二，创业者需要具备高度的责任感和使命感，这是创业公司企业文化发展的最初体现。创业者初创公司不仅仅是为了个人利益，而是为了争取更广泛更深层次的利益。只有背负着巨大的使命，我们才能在创业的道路上一路前行。

这个使命并不是虚拟的,而是包括员工的前途、客户的价值,甚至是国家社会的精神追求等。在高度的责任感和使命感的鞭策下,创业者可以推动公司可持续发展,不断征服各种各样的困难,实现企业价值与社会价值的高度统一。

第三,成功的创业者还必须有宽广的胸怀,能够坦诚面对自己的不足,懂得尊重。"海纳百川,有容乃大",宽广的胸怀是取得成功的关键,这对于初创者来说更是重要前提。能够认识并坦诚面对自己的缺点,懂得尊重下属、客户,甚至是竞争对手,才能提升公司的凝聚力,激发员工的创业激情,使创业者的努力收到事半功倍的效果。

一个情商高的人,可以更好地把握商机、选择合适的商业模式,更加善于提升团队气势;相反,情商不太高的人往往视机会而不见,做事拖沓,不知道如何凝聚人心,因而也就不可能成功。总而言之,创业能否成功有很多因素,但是如果创业者的情商够高,那么我们就可以肯定这个企业已经成功了一半。

4. 立业之前先立人

> 在这个世界上,唯有两样东西深深地震撼着我们的心灵,
> 一是我们头上灿烂的星空,一是我们内心崇高的道德准则。
> ——康德

其实人生在世,四个字就可以概括:做人做事。做人是做事的基础,做事是做人的表现。一个人只有懂得做人的道理,才能锻炼自己的才智,才能得到机会的青睐。

马云曾经在阿里巴巴的内部讲话中说过这样一段话:从老农民到优秀的

国家领导人、优秀的企业领导者，具有一个基本面，他应该有这些东西：他是他自己，他是个朴实的人，他是个自在的人……那些优秀的领导者，在任何的台上他都是他自己，他是真实的表现，他错了，他并不回避。一个人敢于笑话自己，他是有很强的安全感的。因为只有你是你自己的时候，才会有安全感，装腔作势的时候永远没有安全感。

　　这段话实实在在说明了做人的道理。创业者的品质直接决定了一个初创公司能否发展下去，如果创业者有良好的素质，即便公司会遇到很多问题，依然可以披荆斩棘，而如果创业者素质低下，那么即使公司初期发展良好，也不可能稳定发展下去。

　　有关做人的道理有很多，不过我认为有几条是特别重要的，下面拿出来分享一下。第一，经常总结反思自己，并能够吸取教训。人的一生其实就是一个不断犯错并且改正的过程，不同的是，有些人错了又犯，改了还犯，而优秀的人懂得及时反思原因，总结教训，且不会再犯类似的错误。

　　作为一名创业者，拥有这个品质尤为重要。在创业的过程中，很多问题层出不穷，而初创者又没有太多的实战经验，这就需要我们在解决每次问题之后及时考虑是非得失，考虑各种优势劣势，当以后遇到类似问题的时候，我们就能有的放矢，从容不迫。

　　自我反思是一种能力，更是一种良好的品质，在平时繁忙的工作生活中，我们要善于自我反思，善于总结、归纳一些经验、道理，从而更好地指导我们的工作，提升我们的能力。第二，懂得谦卑的力量。曾有人问苏格拉底："天有多高？"他回答："三尺。"那人又问："那我们都有五尺，岂不是要把天捅个窟窿？"苏格拉底说："所以，那些高于三尺的人要学会低头。"苏格拉底说的"低头"，便是有一颗谦卑之心，这同时也是他之所以能够成为举世瞩目的哲学家的重要原因。《马太福音》中说：我每每看见人真是虚心谦卑的时候，我就不禁想到"压伤的芦苇它不折断，将残的灯火它不吹灭"这一教示，颗粒饱满的麦穗总是低下自己的头，谦逊的人往往蕴涵着巨大的能量。

因为谦卑，我们会居安思危；因为谦卑，我们会努力学习；因为谦卑，我们会改正缺点。在这个过程中，我们会在不知不觉间收获很多东西。

当然，我们必须知道，谦卑不是自卑，不是自暴自弃，更不是破罐子破摔。一个真正谦卑的人，应该是懂得欣赏自己、重视自己的人。他们心中那份并不张扬的自尊，恰恰是一股不能被忽视的力量。

第三，能够做到知足常乐。这里说的知足常乐并不是指在自己的世界里，为一点小小的成绩而沾沾自喜，而是不满足于现状，用自己良好的心态，去跨越人生当中的一道道难题。在繁芜的创业初期，会产生很多意料不到的状况，这有可能会磨灭我们的信心、挫败我们的斗志，但如果我们依旧可以保持积极乐观态度，再大的困难都是浮云。

除此之外，要想知足常乐，就要收起自己的矫情和玻璃心，放下心中的嫉妒和埋怨，能在生活中发现乐趣，能用心去面对一切。一个创业者如果没有这份肚量，就会使得公司的发展偏离正常的道路，甚至有可能分崩离析。

一个成功的创业者，他应该是符合二八定律的：即20%做事，80%做人，由此可见做人对于创业者的意义是多么巨大。有关做人的道理其实我们都懂，只要是在法律法规、伦理道德的范围之内，对他人不会产生负面影响的，都是我们应该争取去做的。

5. 做事之前先准备，才能事半功倍

>如果事先缺乏周密的准备，机遇也会毫无用处。
>
>——托克维尔

创业的成功案例一直像磁铁似的吸引着大众，于是越来越多的人开始走上了创业之路。但创业路是一条漫长的道路，中间会遇到各种各样的困难与

问题。有的人成功了，得到了鲜花与掌声，但有很大一部分人以失败告终。人人都可以创业，但不是每个人都能成功。但创业前你必须打有准备的仗，只有做好准备工作才能保证有事半功倍的效果。

徐小姐作为创业大军中的一员，为了能够自己创业当老板，经过几年的努力工作和省吃俭用积蓄了一笔创业资金。创业经费准备好了以后，徐小姐就去找投资项目，为了能够真正了解自己所要投资的项目，徐小姐就不计报酬地在一家公司工作，总是分内分外的事全都抢着干，尤其是经营方面的事，她更是竖着耳朵听，目的就是为了多学点本事，为自己开公司做准备。经过一段很长时间的准备，徐小姐在办齐所有手续后，正式开始了自己的创业之旅，由于准备充分，徐小姐的事业做得很成功。

所以，不管做什么样的事情，也不管面对的是什么样的情况，都要在事前做好充分的准备。只有在做好准备的情况下，才会有事半功倍的效果。

做事前要有计划有步骤。创业者在决定创业之前需要制订一个详细的计划，将创业的相关事宜列好步骤，这样才能够稳扎稳打，步步为营。

创业者可以制订这样的计划和步骤：先要选择一个适合自己的创业项目，创业者首先必须做的便是决定要从事哪一种行业，哪一类项目。在你下决定之前，最好先为自己做个小小的测验，了解自己在哪方面较有创意、潜力，哪方面的事业较能吸引自己的注意力并鞭策自己勇往直前等。一旦做好选择，接下来的许多课题便需要创业者一步步地去执行，才能逐渐地迈向成功之路。

自我提升与坚持学习的心态。有了完整的创业点子，下一步骤便是尽量让自己多接触各种信息与资源管道，比如专业协会及团体等，这些团体、协会不仅可以帮助你评估自己的创业机会与潜力，并可以尽早让创业计划到位。创业者可以尝试阅读诸如创业者的自传、创业丛书、商业杂志等方面的书籍，从中学习经验，从而不断完善自己的创业想法，使自己离成功更近一步。

评估一份具体的预算报告。创业资金很重要，没有资金，创业实施起来会非常的困难，尤其是经营一项有利润的新事业必须要有充足的流动资金，并且要能与实际经营运作时所需的开销相平衡，所以草拟一份年度预算表是必要的。建议创业者去一趟会计事务所,这样将会让你对公司的开销、营收及流动资本运作计划更了解。

选对地址,事半功倍。对创业者来说,不论创立任何企业,地点的选择都是决定成败的一大要素。尽管在选择经营场地时,各行业的考虑重点不尽相同,但是有两项因素是绝对不可忽略的,即租金给付的能力和租约的条件。对于初次创业者来说,最划算的方式是订一年或两年租期,以预备下一步更新的选择。

完成公司登记及了解各种法律相关条文。开始营业之前,你必须去了解所有与商业法规相关的条文规定、执照或许可证申请的细节与表格,同时,别忘了留意营业执照相关申请规定及办法。充分了解这些对创业者会有很大的帮助。

如果一个人在没有任何准备的情况下去做一件事情的话,不但成功的机会不大,甚至还会有更糟糕的事情发生。所以我们要做好充分准备,才能够无往而不利。

6. 万事开头难,只怕有心人

良好的开始,是成功的一半。

——柏拉图

有句俗话叫"好的开始是成功的一半",说的是开始很重要,但也同样显示了开始是非常难的。创业也是如此,但是如果不勇敢地踏出第一步,开个"好头"的话,那么你就永远不会成功。

金山原本在一家食品公司打工,但不满足这种看不到希望、机械式的工作,就决定自己创业。刚开始创业的时候,由于没有经验、资金短缺等原因，致使金山的事业举步维艰。但是金山并没有因此就放弃了创业，而是东奔西跑寻找好的创业项目、筹集资金、咨询专业人士积累经验。功夫不负有心人，金山看准了时机，抓住了机遇，成功地赢得了再次创业的开门红，给自己的事业开了个"好头"，在创业的大潮中站稳了脚跟。由此可见，我们要做个有心人。

创业前要调整好自己的心态。万法归于"心"，成功的创业者之所以成功，并不是因为他们道路一帆风顺，也并不是因为他们的能力超群，很大的原因是这些人善于控制自己的心态，不会被暂时的失败、沮丧打倒，这才是成功的关键。你的想法能够成为现实，是因为心态决定行为，行为导致结果。创业者在创业前首先要摆正心态，才能够敢于迈出第一步。

有企图心才会成功。如今，每个人都想创业，在竞争激烈的市场环境下，要想出奇制胜，创业者必须要有强烈的、渴望胜利的企图心，才能使自己有勇气，义无反顾地开启创业的大门，从而拥有获得成功的可能。而有些人在创业之初，因为遇到一点点的挫折就止步不前，狼狈退出，就是因为他们没有足够坚定的企图心，因而不敢实施自己的目标。企图心是将愿望转化为坚定信念与明确目标的熔炉，它将集中你所有的力量和资源，带领你到达成功的彼岸。一个人能否成功，关键之一就在于他是否拥有强烈的企图心。

自信心帮你走向成功。许多人之所以在事业上未能取得成功，常常不是因为自己能力不济，而是信心不足，缺少自信就会导致你因为一点困难就退缩，不能开个"好头"。一个充满自信的人，才能有战胜困难的无穷力量。创业的道路竞争激烈，残酷无比，优胜劣汰在这里体现得淋漓尽致，在这种情况下，一个人想要让自己永远处于巅峰状态，几乎是不可能的。但一个人若拥有并保持十分的自信，他就能够有勇气挑战困难，从而走向成功。

创业者要想建立自信，首先，就需要在自己的心中描绘一幅希望实现的成功蓝图，然后树立必胜的信念，相信自己一定能实现。其次，必须努力学习，完善自己的知识结构，因为没有必要的知识储备，自信就失去了基础，不仅要具备必要的专业知识，而且要广泛涉猎与自己工作领域相关的知识。

最后，要找到自己的偶像。榜样的力量是无穷的，从自身的条件出发，找到一个与自己境况相似、且最终获得创业成功的榜样，用他来不断督促自己、激励自己，使之成为推动自己在创业道路上不断前进的动力。

成功没有捷径，"开头"不可忽略。一个良好的开端，就是开始了对成功的展望。成功的路很长，但在开始就拥有一颗坚定的心，必然会令人拥有无穷的斗志！

7. 机会面前，人人平等，要善于抓住机会

> 一个明智的人总是抓住机遇，把它变成美好的未来。
> ——托·富勒

机遇对于每个人都是平等的，人与人之间的差别，就在于你是否抓住了身边的机遇。如果只是消极地等着机遇再次光临，相信总会有机遇降福于你，而不去主动出击，通过自己的努力创造机会，那么，等来的只会是失败的痛苦和教训。

唐总以前是一个下岗女工，失去工作后在一家酒店客服部做服务员，开始了每天叠被子、打扫卫生的工作。但那时的唐总并没有因此而自暴自弃，反而在简单、机械的工作中发现了机遇。在打扫房间卫生的时候，唐总经常发现酒店提供的一次性肥皂在客人打开使用后就不能够再用了，剩下的只能被白白扔掉，造成了不小的浪费。于是唐总每天都会思考能不能做出一种折中的肥皂，减少浪费。经过不断的思考，她终于想到了解决的方法，就是在塑料球外层包裹上一层肥皂，就可以一举两得了。于是唐总抓住机会，申请了专利权，成立了公司，实现了由下岗女工转型为女老板的成功蜕变。

由此可见，机遇就在我们身边，只是由于疏忽而没有发现，让机遇溜掉

或者是让别人抢先。所以，我们要善于发现机会，这样才有可能走向成功。

　　加强学习，做好准备。机会只垂青于有准备的人，如果没有做好各种准备，那么即使机会来了，你也没有能力抓住机会，只能眼睁睁地看着机会溜走。比如，公司招聘，要求面试者有本科文凭，你却没有，那么你就无法抓住这个招聘机会。所以，我们要坚持"活到老，学到老"的原则，不断学习和掌握最新的知识，了解社会动态和时事政治等知识，这样在我们遇到机会时就能做出比较准确的判断，从而牢牢地抓住机会。

　　学会科学判断。有时候好机会是很难判断的，同样的一个机会，有的人觉得是个好机会，有的人却觉得充满危机。为此，当机会来临时，我们一定要仔细调查研究一下，并征求专家、学者以及成功人士的意见，最后理智地进行汇总，从而做出科学的判断，抓住机会。

　　要从小事做起，认真地做好每一件事。机遇总是突然地、不知不觉地出现，有时你甚至一辈子也不知道哪个是机遇。所以，我们无论是做事、做人都要从小事做起，争取把每件小事做好。因为从小事做起，才不会失去悄悄来临的机遇，有些事先你不知道的机遇，也会被你抓住。

　　学会英明决断的做事风格。俗话说，"机不可失，时不再来"，当机会来临的时候，我们一定要当机立断，快速做出决定，绝不能一拖再拖，否则在你犹豫的时候机会也许就失掉了，从此再也不会有。在做重大决定时，摇摆不定、不知所措是一个人品格的致命缺点。具有这种弱点的人，从来不会是有毅力的人。这种缺点可以破坏一个人对于自己的信赖，可以破坏他的判断力，更会有害于他的事业。决断、坚毅是一切力量中的力量。假如你想做一名生活中的成功者，成就一番事业，你必须要有坚毅与决断的能力，否则你的一生都将漂泊不定，事业也将无所成。

　　总之，"人生能有几回搏"，当你意识到出现机遇的时候，一定要抓住它，不要掉以轻心。

8. 遇事不慌张，切不可自乱阵脚

> 不管发生什么事，都要冷静、沉着。
>
> ——狄更斯

在创业的过程中，常常会遇到很多不尽如人意的事情，有的人遇事慌张乱了阵脚，功亏一篑，而有的人能够保持从容不迫，应付自如，成为赢家。所以，我们要做的就是遇事不惊慌，沉着而冷静，只有这样才能在创业之路上取得胜利。

吉尔之前在一家酒店做主厨，但是为了开阔一片自己的天地，吉尔就自己创业开了一家餐馆。由于吉尔的厨艺很好，他的餐馆吸引了很多食客前来就餐，生意也越来越红火了。一次由于工作人员的粗心，引起了火灾，这时吉尔并没有慌张，而是临危不乱地打电话报警，疏散客人，指导员工先用自备的灭火器救火。因为吉尔的沉着冷静，并没有造成人员伤亡，也没造成大的损失。

很多时候，沉着、冷静是脱离险境、减小损失的最佳状态。当我们遇到危险时要沉着应对，方可化险为夷；面对意外时冷静处理，才能够转危为安。

世事难料，我们无法预计下一秒钟会发生什么，正所谓"祸兮，福之所倚；福兮，祸之所伏"。创业之路更是如此，在前进的道路上会遇到很多始料不及的事情，我们更应沉着冷静，时刻保持清醒的头脑，这样才能对客观事物做出及时、准确的分析和判断。当自己的事业突飞猛进的时候，我们就能够保守稳重，小心翼翼；当事业陷入低谷的时候，我们就不会气馁，努力进取再创辉煌。只有这样才有希望把事业做大。

保持深沉。创业者不要过分张扬，要保持深沉，让别人无法捕捉你的虚实。并不是所有的事情都可以摆在公众面前，让人一览无余的，只有遇事不慌、不自乱阵脚的人，才能够见机行事，决定下一步的行动。如果面对困境时手足无措，不知如何是好，不但不能改变现状，而且还很有可能让自己在慌乱的沼泽中陷得更深。遇事不动声色，把焦虑深藏于心，渐渐地就会形成一种沉着冷静的习惯。只有这样，我们才有可能不被慌张所累，真正成为掌控习惯、主宰命运的主人。

要克服内心的浮躁。做事情往往欲速则不达，因为急躁会使我们失去清醒的头脑。我们无论做任何事情都要控制住自己内心的浮躁，保持轻松从容的心态。在创业过程中，有输有赢，当身处困境时，我们首先要镇定地考虑怎么应对，头脑也要保持沉着冷静的状态，这样才能随时了解和应对新的问题，捕捉新机会。

无论遇到任何事情都慌慌张张、自乱阵脚，难免会显得较为肤浅。冷静是一种修养，成大事者，必须具备在任何情况下都能够沉着冷静、坦然面对的特质，尤其在创业这个充满变数的过程中，更要时刻保持冷静，做一个处变不惊、处惊不乱的人，这样才能更好地分析并解决问题。

9. 创新是一个企业的核心竞争力

> 距离已经消失，要么创新，要么死亡。
>
> ——托马斯·彼得斯

古人云：兵无常态，水无定形，守业必衰，创业有望。一个创业者，即使是一个成功的创业者，一旦有了"守"的思想，却没有了"创"的精神，消磨了闯劲和激情，那他离失败甚至失业也就不远了。因此，创业者要永不停息，不能一劳永逸，更不能略微尝试一下就停止。

巴力在大学期间曾经成功地研发过一款桌面游戏，也是从那时起，巴力就决定毕业之后要自己创业，后来就有了现在的游戏研发公司。由于游戏行业始终强调创新，呼唤创新，所以巴力就将创新确立为公司最为核心的企业文化。为了突破传统的游戏玩法，力求创新，巴力充分总结前期游戏产品的经验教训，在新一期的游戏设计中，由凭借个人兴趣进行玩法设计的传统阶段过渡到了针对付费模型进行产品研究的新阶段，并在海外和国内都卖出了大价钱，收获了成功。

对于创业者来说，想要成就一番事业，不应该固守传统模式，要敢于打破传统模式的束缚，积极创新，这样才能跟上时代的潮流，不被抛弃。

创新就要敢于超越，不满足一时的成功。创业者唯有不满足现状、不安于现状，积极进取，才能勇往直前，直至成功。那么创业者要如何超越自我呢？首先，不能陶醉于过去的成绩。应该认识到过去的成功不能保证现在的成功，事物总会发生变化的。对于很多成功的创业者来说，最重要的核心思想就是要有不断的创新精神以及渴望成功的内在动力，这些使创业者成功走出第一步，鼓励他们去争取更大的成功。其次，创业者要从传统思维中跳出来，站在一个新的角度来思考，敢于打破现有的状态，敢于向未知的领域挺进，要有冒险精神。

创新就要另辟蹊径，寻找市场空缺。成功的创业者不是因为追赶潮流而取得成就，而是由于开创潮流、引导潮流才取得成功。所以，创业者要避开竞争焦点的锋芒，快速寻找空缺的市场。这就要求我们学会细分市场，要找到市场没有满足的空缺，去创新产品，构建新的产品种类，进入一个无人竞争的区域。

创新需要掌握"人弃我取"的经商手段。与其说"人弃我取"是一种经商手段，不如说是一种智慧更为恰当，只有这样才能想常人所不想，做常人所不能，从而获得巨大的成功和财富。所以，创业者不要盲目跟风，要改变人云亦云的旧观念，树立起独立自主的创新思想。要有冷静的头脑、平静的心态，当市场出现"一哄而上"的形势时，能够稳住脚跟，冷静观察，不与众多强手争同一块蛋糕。另外，创业者要具有过人的胆识，因为有胆量才会在大家都不看好的时候，以最低价买进，在别人疯狂跟进的时候，冷静脱身。

创业者能否标新立异、不断创新，决定了创业者是否具有核心竞争力，是否能取得竞争优势，也决定了创业者究竟是竞争中的失败者还是成功者。

10. 要有根据市场变化而应变的能力

> 随机应变的智能，是解决生活上困难的武器，要比书本上的知识有价值得多。
>
> ——戴尔·卡耐基

顺应形势，随机应变，能随时调整自己的行动计划，这是创业者适应环境的最佳法则。假如一个创业者没有根据市场变化而应变的能力，以及灵活的应变手段，就难以驾驭复杂的创业局面、成就自己的创业梦想。

戴利是一个能够灵活应变的成功创业者，他以前创业做的是餐饮，经营得不温不火，戴利常常会考虑：在餐饮这个行业自己究竟还能坚持多久。由于餐饮行业竞争日益激烈，所以他决定将更多的资金投向当时的一个朝阳产业——房地产，只用少量的资金来维持餐饮业。戴利的及时转型为自己带来了巨大的收获，自己的事业发展得更加壮大了。

因为市场在时时刻刻地发生变化，因此创业者也要不断创新、灵活应变，必须依照市场需求进行灵活调整。这个例子生动地说明了懂得根据当时的具体情况进行具体分析，确定策略，做到灵活应变，才能在创业路上立于不败之地。

创业者要善于捕捉市场变化。在当今瞬息万变的环境里，创业者应该采取主动预测未来的态度影响变化，而不是被动地对变化做出反应。创业者必须对影响市场变化的种种因素进行研究、分析，并善于捕捉各种各样的最新信息。

创业者能够认清形势。创业人员要能够把握世界发展的大趋势，不要做违背历史发展方向的事情。创业者必须对自己所做的行业的前景有清晰的认识。在创业的道路上,创业人员常常会受到非人为的客观因素的影响,如果缺少新思路,总是老调重弹,那么就是死路一条,唯有不断根据市场变化而做出相应的改变,才能在激烈的竞争中获胜。

创业者要适时做出战略调整。由于创业环境变化多端,企业经营的环境也必然会相应地变化,创业者必须迎合市场的变化,适时地、不断地调整自己的经营方式,才有可能确保成功。

创业者要会审时度势。创业与指挥作战一样,也需要审时度势。审时度势就是要求创业者观察分析时势,预测市场的变化,在观察分析时势中寻找机遇。

兵法有云:智者顺势而谋,明者因时而变,知者随事而制。同样,创业者想要在风云多变的创业道路上取得成功,就必须具有根据市场变化而应变的能力。

11. 懂得感谢你的对手

没有对手就没有动力,我永远感谢对手。

——刘翔

在创业的漫漫长路上,我们需要对手,因为对手是我们成功的标尺。我们也应当感谢对手,因为他们的存在给了我们前进的动力,是他们激励、迫使我们更快地成长。

赵刚认为自己之所以能够创业成功,最应该感谢的人就是他的对手——李新。赵刚和李新是大学同学,毕业之前他们就竞争过保研的机会。毕业之后他们选择了相同的创业道路。赵刚得知李新开了一家与自己一样的软件设计公司以后，非但没有不开心，反而觉得有李新这个强有力的对手会对他更有帮助。赵刚因为李新的强大实力而产生了紧迫感，从而使赵刚对自己的事业不敢有丝毫的懈怠之心，不断提升自己的能力，将每一项工作都做得更扎实、更细致、更完美。于是，他们在不断竞争中，创业成功。

因此，我们要懂得感谢我们的对手，因为他们磨炼了我们的心志，提高了我们的能力，充盈了我们的智慧，激发了我们的潜力，是对手教会了我们如何去面对人生的困难。

对手可以激励我们前行。"生于忧患，死于安乐。"如果你的创业过程过于平稳，没有竞争对手，会容易使你滋生惰性，这种惰性会蚕食你的进取心。因此我们需要有对手来激励我们，拥有对手，就能够感到危机，要想在创业的道路上生存下去，我们就要奋斗，就要不断创新，在这样的激励下，我们离成功就会越来越近。

对手可以帮你正确面对屈辱和打击。当你受到对手打击的时候，换个角度去想，对手对你进行指责，实际上就是帮助你找出自身的缺点和不足，这是帮助你弥补不足，提升自我的途径。因此你应该感谢你的对手，没有遭到打击后的疼痛，又怎么会有功成名就后的无限风光呢。对手的讽刺、挖苦、打击，这些负面反应，都能成为我们前进的不屈动力。所以，我们要感谢我们的对手，是他帮助我们获得成功。

对手是我们的跳板，让我们跳得更高。让对手来挑战你、威胁你，让他成为你不断超越自己的跳板，你才能获得进步。如果你的对手实力强大，你就会发现你能够爆发出比平常强大几倍的能力，因为你感受到了对手的威胁，这样的对手往往能够成为你超越自我的跳板，使你在这种不断的追逐中提高自己的能力。把对手看作一块跳板，借用他的反弹力，你才能跳得更高。

对手是我们的一面镜子。我们在和对手的较量中，让对手作为一面镜子照出我们的不足，学会从对手的身上了解自己的不足，我们才能找准自己努力的方向，才能够让自己变得更强大。

我们应该善待我们的对手，因为对手的存在使我们能尽情展现自己的能力和价值。有时，对手是我们的老师和朋友，不断给我们鼓励和鞭策；有时，对手又是我们的镜子，他们的成功让我们走得更远，他们的失败让我们汲取经验和教训从而不至于重蹈覆辙，我们应该用一颗真诚的心来善待对手。

12. 懂得 1+1 >2 的魔力

> 你自己本身就是资源，你如果不把自己当资源，你就不可能把资源聚拢过来。你必须把自己变成一个吸铁石，你才能把周围的东西都吸过来。
>
> ——俞敏洪

中国羽毛球队是中国体育的骄傲，总教练李永波更是当今世界羽毛球教练的第一人，要说他有什么秘诀的话，除了战术等条件以外，还有一个让人觉得不可思议的理论：1+1>2理论。李永波曾说"在不影响正常训练、比赛的前提下，羽毛球队谈恋爱不鼓励也不反对"，这句话被外界普遍解释为"默许"，事实也是如此。林丹和谢杏芳可以说是中国羽毛球历史上的"神雕侠侣"，相互扶持，风风雨雨走过了那么多年。在这些年里，不论是林丹还是谢杏芳都曾遇到职业生涯的低潮，然而用谢杏芳的话说："与平时和队友做赛前调整训练大不一样，感觉两个人的节奏是协调好的，思想是互通的。我们会感觉到对方哪里出了问题，互相鼓励。其实，我也说不清楚究竟是怎样的感觉，但就是那种在一起的环境和气氛，已经成为我们之间重要的东西，每次大赛前必须如此，那让我们感觉很舒服，很惬意。"正是这种默契和相互鼓励，从而使林丹称为世界羽坛第一人，谢杏芳也在2004年有过长达半年的全胜纪录。

林丹与谢杏芳的例子很好地践行了李永波的"1+1>2理论"，他们之间的恋爱关系不仅没有影响彼此的发展，反而促使两人朝着更好的方向努力前行。在当今的商业活动中，"1+1>2理论"的应用范围更是宽广，比如，星巴克在调查中发现，自己的顾客中超过90%都是互联网用户，遂决定和惠普以及T—Mobile联手，共同致力于为消费者带来高速的无线网络体验，这样一来，不仅星巴克的生意增长了不少，也稳定了惠普商业巨头的地位；为了打开国际市场，小鸭集团与东芝集团组成战略联盟，小鸭使用东芝的技术，而东芝则获得小鸭的在国内的分销渠道使用权，从而实现了共赢。海尔旗下的家居集成有限公司与万达集团结成战略联盟关系，共同推出"万达—海尔"品牌，在万达开发的住宅项目上，海尔集团提供菜单式装修以及室内电器等配套设施，提高了住宅的时尚品位和知名度，促进了两家企业的共同发展。

可见，在创业的时候，如果我们懂得1+1>2的道理，懂得资源的融合，那么我们往往可以取得更好的收益。

那么为什么我们要整合资源呢？俗话说得好，"术业有专攻"，每一个企业都有自己的强项和弱项，不可能在各方面都很优秀，一个超市做互联网肯定比不上互联网公司，相反互联网公司在零售这方面也处于劣势。因此，想要拓展自己的业务范围，仅凭自己的能力是达不到的，最好、最有效的办法就是寻找适合的合作伙伴。

但是，我们必须懂得一个道理，那就是并不是什么企业都能够实现资源整合的。举个简单的例子，在一家4S店里建个书店大家还能接受，但如果建一个饭店，那就有点突兀了。想要实行资源整合，两家企业要有相同的价值观和企业文化，在共同的愿景下，本着互惠互利的原则，以满足消费者需求、提升消费者体验和生活质量为目的，资源整合才能达到预期的效果。

现在社会讲求相互协作，任何一家企业都不可能单独存在于市场之外，为了继续壮大公司的实力，必要的时候，我们需要选择一些企业，进行资源整合。特别是对于初创者来说，懂得资源整合，可以降低公司的运营风险，提高创业的成功率。

情商测试题（4）

创业情商指数测试

想创业的人很多，估计80%的打工者都有自主创业的想法，然而，并不是每个人都适合创业，这而有的人天生就具有创业的潜质。那么，你的创业情商有多高呢？本书就提供了一个创业小测试，可供参考。

针对企业家在家庭背景、童年经历、主要价值观、个性等方面共同特征的研究越来越多。下面的测试题可以测验一下你创业的情商，看看你是否具有那些企业家们所应具备的气质。这些问题并不是你未来成功与否的标准，不过它也许可以告诉你应该从何处入手以及你需要进一步提高的方面。回答"是"或"否"即可。

测试题：

1. 你父母有过创业的经历吗？
2. 在学校时你学习好吗？
3. 在学校时，你是否喜欢参加群体活动，如俱乐部的活动或集体运动项目？
4. 少年时代，你是否更愿意一个人待着？
5. 你是否参加过学生干部的竞选或是自己做生意，如卖柠檬水、办家庭报纸或者出售贺卡？
6. 小时候你是否性格很倔强？
7. 少年时代，你是否很谨慎？
8. 小时候你是否很勇敢而且富于冒险精神？
9. 你很在乎别人的意见吗？

10. 改变固定的日常生活模式是否是你创业的一个动机？

11. 也许你很喜欢工作，但是你是否愿意晚上也工作？

12. 你是否愿意随工作要求而延长工作时间，可以为完成一项工作而只睡一会儿，甚至根本不睡？

13. 在你成功完成一项工作之后，你是否会马上开始新的工作？

14. 你是否愿意用自己的积蓄创业？

15. 你是否愿意向别人借东西？

16. 如果你的生意失败了，你是否会立即创业？

17. （接上题）或者你是否会找一份收入稳定的工作？

18. 你是否认为做一个企业家很有风险？

19. 你是否写下了自己长期和短期的目标？

20. 你是否认为自己能够以非常职业的态度对待经手的现金？

21. 你是否很容易烦？

22. 你是否很乐观？

分数计算法：

1. 是：加1分；否：减1分

2. 是：减4分；否：加4分

成功的企业家照例都不是学校的好学生。

3. 是：减1分；否：加1分

企业家们在学校时，似乎都不太热衷于集体活动。

4. 是：加1分；否：减1分

研究显示，企业家们在少年时代往往更愿意一个人待着。

5. 是：加2分；否：减2分

开创生意通常从很小开始。

6. 是：加1分；否：减1分

童年时的倔强似乎可以理解为按照自己的方式行事的坚定决心——成功

企业家的典型特征。

7. 是：减4分；否：加4分

谨慎可能意味着不愿冒险。这对于在新兴领域开创事业可能是个绊脚石。不过，如果你希望做一个经销商，这一点不会有什么影响，因为多数情况下供货商已经考虑到各种风险。

8. 是：加4分；否：减2分

9. 是：减1分；否：加1分

企业家们往往不在乎别人的意见而坚持开创不同的道路。

10. 是：加2分；否：减2分

对日常单调生活的厌倦往往可以坚定一个人开创自己事业的决心。

11. 是：加2分；否：减6分

12. 是：加4分；否：减2分

13. 是：加2分；否：减2分

企业家一般都是特别喜爱工作的人，他们会毫不拖延地进行一项接一项的计划。

14. 是：加2分；否：减2分

成功的企业家都会愿意用积蓄资助一项计划。

15. 是：加2分；否：减2分

16. 是：加4分；否：减4分

17. 是：减1分；否：减2分

18. 是：减2分；否：加2分

19. 是：加1分；否：减1分

许多企业家都把记下自己的目标作为一种习惯。

20. 是：加2分；否：减2分

以正确的态度处理经手的现金对企业的成功至关重要。

21. 是：加2分；否：减2分

企业家们的个性似乎都是很容易厌倦的。

22. 是：加2分；否：减2分

说明：

35~44分：绝对合适。

得35分以上的人士不自己创业，简直是资源浪费！

15~34分：非常合适。

如果你得分在15分以上（包括），那你应该说是个"老板坯子"了。

0~14分：很有可能。你的人生其实可以有许多选择，包括选择自己创业还是就做个高级白领。你的智商和情商发展均衡，这意味着你在很多选择中可进可退，可攻可守。

−1~−15分：也许有可能。如果你非要走创业之途，应该说也有属于自己的机会，但首先要克服很多困难，包括环境，也包括你自身的思维方式与性格制约。

−16~−43分：不合适。还是死了这条心吧，不要浪费自己也浪费别人的时间、精力和金钱。你应该仔细考虑自己是否适合做生意，因为你的才华可能并不在这方面。也许为别人工作或是掌握某种技术远比做生意更适合你，可以让你更好地享受生活的乐趣并且充分发挥自己的能力，发展自己的兴趣。

第五章
销售人员要掌握的情商训练

1. 销售并没有那么难

推销的要点不是推销商品，而是推销自己。
——乔·吉拉德

销售看似是一个很难的工作，但只要掌握一些销售技巧，你就会发现销售并没有那么难。

艾米在一家外企工作两年了，刚刚升任销售总监，销售经验很丰富。很多同事都会向她请教成功销售的秘诀。艾米说通过两年的工作时间，她学到了一些销售技巧。比如，在没有了解客户需求之前，尽量让客户先说自己的想法。这个技巧让她的销售工作变得轻松很多。

所以，掌握一些销售技巧对销售人员来说是非常必要的。

第一，做好销售前的准备工作，给客户留下好的第一印象。着装上整洁大方就可以了，最好穿职业装，拿着公文包，饰品要精而简，女士最好化淡妆，指甲不宜过长，男士头发要清爽整洁，面部保持清洁。

第二，你需要准备一个好的开场白。开场白一般包括以下几个部分：感谢客户接见你；自我介绍；介绍来访目的，要突出给客户可能带去的价值，然后探测客户的需求，以问题结束，让客户开口说话。

第三，牢记客户名字，准确称呼客户。与客户沟通前，想好怎么称呼客户至关重要，这是销售中不可忽略的细节。每当认识一位新客户时，一定要牢记客户的名字。如果没有听清，就可以再问一次或者礼貌地请客户写一遍。

我们还可以根据客户的个性、兴趣等方面产生联想帮助记忆。"好记性不如烂笔头",我们可以将客户的性格特点、兴趣等信息记在他的名片背面,帮助你记忆。售前工作准备就绪,接下来就是在销售过程中运用好销售技巧。

积极与客户互动。销售的过程中需要销售人员与顾客之间产生互动,如果只是销售人员单方面讲解,那么成交的概率会很小。销售人员在与客户进行交流时,要注意观察客户的语言、肢体动作和神态,从中挖掘出对自己有价值的信息,比如发现诸如兴趣、特长等方面的信息,以帮助你找到客户所感兴趣的话题,拉近与客户的距离,为开展销售工作做好准备。

有效提问也是找到客户感兴趣话题的一个比较合理的方法。这是销售人员常常会用到的一种沟通方式。我们在提问前先要考虑两个问题:一是我们提问的目的是什么;二是我们选择以什么样的方式进行提问。销售人员要根据具体情况选择适合的方式找到客户的兴趣所在,也可以几种方法同时使用。总而言之,销售人员要在销售过程中充分调动客户的积极性,让顾客参与到你的交流中来,从而使自己与客户之间能够形成良好的互动关系。

了解客户的真正需求。销售人员想与客户完成交易,就必须要了解看客户的真实需求,从而采取相应的措施以满足客户的需求。大多消费者对切身利益以及销售人员能否对产品的相关问题做出满意的答复比较关心。因此,销售人员在销售过程中要把握好这两点内容,即在销售过程中要真诚地关心和尊重客户,将顾客的利益放在首要位置;提高自己对产品知识的认知水平,保证对客户提出的问题给出满意的答复。

销售工作需要销售人员长期积累专业知识、实战经验、客户资源等,看似复杂困难,但是掌握了一些销售技巧会让销售工作做起来得心应手。

2. 销售的过程体现了你的情商高低

成功与否跟情商有关系。

——马云

销售工作要求销售人员要与不同的人进行沟通，能否维护好与客户之间的人际关系，建立信任基础，则是你情商高低的表现。

两年前，A和B进入同一家销售公司工作，现在A已经成为公司的销售主管，拥有自己的销售团队，但B仍然是个销售代表，加入了A的团队。A在培训例会上向团队成员讲述了他的一些销售经验，B从中找到了他与A产生差距的原因：A每次见完客户后，都会保存客户的联系方式，不论是否能达成合作，A都会定期与客户联系，还会在客户生日的时候打电话或发短信送上祝福，慢慢地A与很多客户成了好朋友，很多人都主动找A合作。相反，B每次只是单纯地推销产品，不懂得维护自己的潜在客户群，所以致使他的业务量一直没有突破发展。

由此可见，销售也是需要技巧的。

调动自己的积极情绪。管理好情绪是销售成功的关键，因为谁也不愿意和一个情绪低落的人沟通。所以当我们去见客户时，一定先要调整好自己的不良情绪。当我们心情低落时，试着听一些欢快的歌或是看一些幽默的文章来分散我们的注意力，这样可以使我们的负面情绪转换成正面情绪；也可以找到一个合适的宣泄途径，如跑步或者向朋友倾诉等方式来发泄自己的消极情绪。总而言之，就是将自己的情绪调整到最佳状态，即你觉得信心十足，在这种积极的状态下销售的成功率会大幅度提高。

了解客户存在的问题。销售人员要多了解客户对产品应用方面的态度，尤其是不满意的地方，这样有利于进一步激发客户明确的需求。发现了客户的不满之后，通过提出激发需求的问题，比如，"您如何看待这一问题"，从客户的答案中可以了解客户的不满之处，从而引起公司对客户的高度重视，以提高解决客户这类问题的紧迫性，为销售人员接下来的产品推销提供事实依据。比如，当你了解到客户对操作程序不太熟悉时，可以通过介绍、示范、亲自操作等方式帮助客户尽快熟悉起来。

帮客户解决问题。很多客户没有太多的兴趣去了解产品的功能、特点等，但却对销售人员如何解决产品带来的问题比较关心。销售人员要做的是让产品能够满足客户的实际需求，帮助客户解决遇到的问题。从这点来看，销售人员在推销时不能只是一味地去介绍产品，而必须关注客户渴望得到解决的问题，用自己的实际行动解决客户的问题。作为一名负责任的销售人员，只有始终为客户着想，把帮助客户解决问题当作自己的份内之事，客户才会接受你、信任你。

为客户着想，对销售人员很重要。因为当客户意识到销售人员在想方设法、设身处地地给他提供帮助时，他才会很乐意与销售人员交流并合作。所以，在销售的过程中，只要销售人员能够站在客户的立场上为他们的利益着想，并真诚地与他们进行交流，就会赢得他们的信赖，并使之成为长期而固定的合作者。

3. 销售是彼此的一种情绪接触

> 我要微笑着面对整个世界，当我微笑的时候全世界都在对我笑。
>
> ——乔·吉拉德

销售工作是一种情绪的接触，销售人员的情绪是顾客决定是否购买的重要条件。积极的情绪促进销售，即销售人员积极乐观的情绪会刺激顾客的购买欲望。反之，客户也会因为销售人员的负面情绪减弱购买欲望。销售的过程就是销售人员与客户情绪沟通的过程。

安心是某珠宝公司的销售顾问，工作积极，服务热情，这种正能量的情绪感染了她的顾客，于是便在愉快的聊天过程中完成了珠宝销售。

显而易见，没有哪位客人愿意从情绪消沉的销售人员那里购买商品，所以想要成为优秀的销售人员，就要提高控制情绪的能力，用良好的情绪感染客户。

用微笑面对客户。微笑，传达的是一种友好、乐观的情绪，是感染客户最简单、最直接的方式。微笑可以为顾客传播正面的情绪，拉近彼此的距离，打开信任的大门。

正视自己情绪的弱点。在情绪方面，每个人都有自己的倾向，所以认识自己的情绪是最最关键的，回避或视而不见都是对自己的放任。如有的人容易冲动，而且一冲动就会做错事，怎么办？先承认自己有这个问题，正视它，然后分析自己易冲动的原因，再找一些可行的方法。

用正确的方式释放、宣泄自己的消极情绪。当一个人处于困境、逆境时，往往极易产生不良情绪，一旦这种不良情绪压抑过久、无法释放，就会出现情绪化行为。高情商者懂得寻找自己的精神安慰、精神寄托，能够及时将消极情绪释放、宣泄出来，如找朋友聊天、做自己感兴趣的事等。

控制自己的欲望。人之所以会有情绪化行为，大多因为自己的欲望和需要得不到满足。假如一个人的功利行为不能满足其需要，那他的行为就会变得简单、浅显，进而产生短视、剧烈的反应，然后出现情绪化行为。因此，我们应适当降低期望值，摆正索取与贡献、获得与付出的位置。

认清社会上的各种矛盾。要想不陷入情绪化，我们就要学会全面观察问题，追随主流，多看光明面、积极的一面，以便发现生存的意义和价值。这样才能使自己更乐观一些，更有希望、信心和勇气，就算遇到严重挫折，也不会轻易地气馁，或是打退堂鼓。

情绪控制的能力是情商的一个基本的、不可或缺的组成部分。学会这种能力后，销售人员会将正面情绪融入销售过程中，融入自己的行为之中，从而感染客户、发展客户。

4. 销售的 4C 理论

> 在购买时，你可以用任何语言；但在销售时，你必须使用购买者的语言。
>
> ——玛格丽特·斯佩林斯

段瑞是某公司的销售经理，负责培训工作。在一次培训例会中，段瑞向公司新进员工讲述了销售的4C理论：Customer、Cost、Convenience、Communication，即顾客、成本、便利、沟通。段瑞具体解释了一下：Customer是指瞄准消费者的需求；Cost指的是考虑消费者所愿支付的成本；Convenience即所谓为顾客提供最大的购物和使用便利；Communication主要是指积极与消费者进行双向沟通。段瑞说，销售的4C理论对销售人员来说很重要，对提高销售业绩有很大的帮助。所以销售人员要理解并合理运用4C理论。

了解客户需求。客户的需求是千差万别的，销售人员如果不了解客户的需求，就无法提供有效的服务，就难以提高自己的销售成绩。

要了解客户的需求，提问是最好的方式。大多数销售人员没有提问题的经验，即使他们向客户提问事先准备的问题，但客户的答案可能并不能对销售人员起到帮助作用。不擅长提问的影响是非常大的，会导致客户对销售的拖延和反对，致使销售人员为客户提供不正确的解决方案，甚至错失销售机会。

因而我们要选择合适的提问方式，通常情况下，建议使用请教式的提问，因为人人都渴望被尊重，所以客户不会拒绝你的提问。也可以采用征询意见的提问方式，引导客户描述情况，谈谈客户的想法、意见、观点，有利于了解客户的兴趣和问题所在。根据实际情况选择不同的提问方式，可以准确而有效地了解到客户的真正需求，为他们提供所需要的服务。

认真倾听客户的谈话。交流中，聆听比自己讲述要重要得多，只有通过聆听你才能了解客户的真实意图。在与客户的交流过程中，销售人员一定不要打断客户的谈话，插话是销售人员不专业的表现，也是对客户的失礼。销售人员在倾听过程中，眼睛要柔和地直视对方，让对方感受到你认真的态度，并且适时微笑点头对客户的话做出回应，这样你会从客户那里得到更多有用的信息。

仔细考虑顾客所愿支付的成本。销售人员在报出商品价格时，既要让公司有所盈利，也要低于顾客的心理价格。在我们报出价格时，争取事先向客户介绍我们商品的优势，这样可以为我们给出价格做好铺垫，当客户对我们的产品有所了解的时候，就不会对我们的报价难以接受了。

为顾客提供最大的便利。销售人员能否为顾客提供便利，对消费者的购买决策有着重要影响。销售人员需要具备积极的态度，才可以唤起自己的销售热情，以顾客的切身利益为重，真心实意为客户提供便利。要想更好地为客户提供便利，销售人员还需要具有一定的知识素养、知识储备，这样应对客户的时候就不会那么困难了。所以销售人员要经常学习业务知识，不断提高自己的知识水平。

学习销售理论对销售人员来说非常必要，销售人员应该将理论与实践工作相结合，从而更好地为客户服务，促成交易。

5. 学会寻找你的目标客户

> 市场营销观念：目标市场，顾客需求，协调市场营销，通过满足消费者需求来创造利润。
>
> ——西奥多·李维特

阿里巴巴销售十年来沉淀的法则是：销售80%是因为找对客户，20%才是搞定客户。由此可见，能够准确寻找自己的目标客户对销售人员来说至关重要。

秦小姐是某家手机卖场的销售经理，因为卖场生意不好，她最近压力很大。秦小姐一直在寻找办法应对。暑期来临，她发现大学生这个群体对手机的需求比较大，于是秦小姐就组织员工专门为大学生购机设计了优惠活动，活动一出来果然吸引了很多学生们前来购买。这次活动之所以能够成功，是因为秦小姐准确地找到了目标客户，所以销售人员学会寻找目标客户对提高自己的销售业绩非常重要。

想要准确找到自己的目标客户，首先需要了解自己的产品。销售人员应尽可能多地去掌握产品的相关知识，例如，产品的名称、使用方法、特点、售后服务等。因为产品的这些知识可以指引你寻找目标客户群体。例如，你推销的产品是卫浴，你的目标客户就是需要装潢的人群或者是建材市场里的人；你销售的是保健品，根据它的功能特点你就会考虑到老年群体或者是病患。

在锁定自己的目标群体之后，就可以采用一些方法来帮助你。在销售人员特定的市场区域范围内，可以针对特定的群体，用上门、邮寄或者电话、电子邮件等方式对该范围内的单位、住户或者个人无遗漏地进行寻找与确认。例如，将某市某个居民新村的所有家庭作为普遍寻找对象，将当地所有的宾馆、饭店作为地毯式寻找对象等。这种地毯式的寻找过程接触面广、信息量大，各种意见和需求、客户的反应都可能收集到，可以让更多的人了解到自己的产品，打响产品的知名度。

现在社会进入网络时代，销售人员可以利用网络来查找目标客户。可以尝试用多个搜索引擎来搜索同一个关键词，这样可以得到不同的搜寻结果，便于销售人员获得更多的信息。当然也不要仅仅局限于搜索关键词，你可以搜索产品相关行业网站，然后在这些行业网站上输入关键词，这样搜索出来的客户信息会更加精确。

销售人员可以通过别人的直接介绍或者提供的信息进行客户寻找，可以通过销售人员身边的熟人、朋友等社会关系，也可以通过客户进行介绍，主要方式有电话介绍、口头介绍、名片介绍等。使用这种方法关键是销售人员必须注意培养和积累各种人脉,以真诚的服务态度为现有客户提供满意的服务和尽可能的帮助,并且请求他人帮助时一定要虚心诚恳。

很多销售失败的原因是由于销售人员不能准确寻找到自己的目标客户,只有寻找到了消费群体中的目标客户,才能展开有效且具有针对性的销售业务,从而完成销售任务。

6. 善于通过人际关系发现客户

> 销售就是不断地去找更多的人,以及销售给你找的人。
>
> ——汤姆·霍普金斯

销售工作是与人打交道的工作,因此销售人员需要依赖自己的人际关系不断发展自己的客户群体,人际关系是销售人员扩展客户的关键因素。

鲍勃刚到公司的时候只是一位销售代表,然而不到半年时间,他就已经升职为销售主管了。通过观察发现,鲍勃不仅在公司与同事相处得很融洽,而且还将很多客户发展成为他的朋友。鲍勃超强的人际交往能力帮助他拓宽了自己的客户圈子,提高了销售业绩,所以才会在短时间内获得升职的机会。

从上述案例中不难发现,良好的人际关系在销售工作中发挥着重要作用,维护好与客户的关系对销售人员来说至关重要。

尊重客户。事实上,每个人都享受被重视的感觉,希望自己能够被别人认同,销售人员与客户的关系也不会例外。尊重客户主要表现为以下几点:第一,着装上要整洁大方,根据不同类型的客户选择合适的着装,记住一点:着装要比客户的稍正式一点,表现对顾客的尊重即可。第二,与客户沟通时要站在客户的角度想问题,多说"我们",这是给客户的一种暗示,告诉客户销售人员与客户同样关心客户的问题，有利于拉近销售人员与客户之间的距离。第三，时刻观察客户，认真倾听客户提出的问题，并及时帮助客户解决问题。第四，要对客户表示感谢，因为只有客户的支持与信任，才会使你的业务得以完成，所以要真诚地感谢客户。

多关注销售以外的事情。销售人员想要与客户成为朋友，就不要过多考虑销售业绩、利益等，想要消除客户的戒备，就要先了解客户感兴趣的事情，与客户讨论他感兴趣的事情，这样可以拉近与客户之间的距离。或是多关心客户生活中的难处或需求，尽自己最大的能力去帮助客户解决困难，争取把客户变成朋友。这样会使客户在有需求的时候第一时间想到你。

为自己销售工作画上圆满的句号。当销售人员的销售工作接近尾声时，可以为客户准备一些小礼品。因为在与客户的交往中，销售人员不可能任何事都做得尽善尽美，不完美的地方肯定存在。这一份小礼品不仅可以弥补工作中的小瑕疵，而且客户也会感受到销售人员的诚意，同时也为下一次的合作打下基础。

销售人员处理人际关系的能力影响着销售业绩，所以销售人员要掌握好处理人际关系的技巧，充分发挥人际关系在销售中的作用。

7. 适时判断客户的购买欲望和购买能力

> 判断一个人，不是根据他自己的表白或对自己的看法，而是根据他的行动。
>
> ——列宁

顾客的购买欲望和购买能力直接决定了交易能不能达成。客户的购买欲望和购买能力越强，那么达成交易的希望就越大，反之，交易成功的希望就会很小。所以，销售人员是否能够判断客户的购买欲望和购买能力对销售业绩有着很大的影响。

　　小王是某品牌汽车4S店的销售顾问，虽然他工作积极热情，对前来咨询的客户也是有问必答，但是销售业绩并不理想。为了能提高自己的销售业绩，小王决定向店长请教销售经验。店长告诉小王："小王，你的问题是不会判断顾客的购买欲望和购买能力，你说得再生动详细，客户没有购买意向或根本没有能力购买，那么你所做的一切都是'无用功'"。听了店长的话，小王在以后的销售工作中总会先对客户的购买欲望和购买能力做出判断再进行介绍，果然他的销售业绩有了很大的提高。

　　销售人员要想避免继续做无用功，就应该先学会如何判断客户的购买欲望和购买能力。

　　先分析如何判断客户的购买欲望。

　　从顾客的语言识别购买欲望。当销售人员向客户介绍产品时，顾客很认真地听并且时常询问关于商品的一些细节问题时，这表示客户对你的产品感兴趣，有购买意向，如果客户听完介绍后跟销售员进行讨价还价，说明客户的购买欲望就比较强烈了。这时候，销售人员就要把握住时机，适当降低自己的价格标准，或是提出一些优惠承诺吸引客户，从而促成交易。

　　从客户的神情、动作判断。一些有经验的销售人员会先与客户进行简单的问候，如果客户暂时没有什么需求，销售人员就可以告诉客户："您有需要随时找我。"然后就与客户保持一定的距离跟着顾客，通过观察客户的动作、神态等，及时判断客户的购买欲望，比如，当客户多次触摸同一件商品或是当客户的眼神专注地盯着某件产品时，销售人员就要及时上前为客户介绍产品，争取促成交易。销售人员应该注意的是，当客户由静变动、眼睛专注地看着产品或在听介绍的时候身体偏向销售员一边等，都反映了客户购买心态的改变，只要销售人员捕捉到了这些细微的变化，就可适时抓住销售的机会。

　　即使顾客有购买某件商品的欲望，但是他不具备购买的能力，那么销售仍然不会成功。怎样判断顾客是否具有购买能力？例如，售楼小姐跟一个没有收入来源的年轻顾客推销房子，很显然是不能够成功的。所以销售人员在与客户初步接触后，要尽量挖掘客户的兴趣、爱好，更好地了解客户的生活状态，或是通过观察顾客的衣着打扮、佩戴的饰物等，推测出客户的消费水平，从而判断客户的购买能力。

不要忽视名片的重要性。名片透露出来的信息虽然比较少，但却非常重要。比如，职业、职位等能够反映一个人的收入情况。因为收入与职业、职位是成正比的，职业好、职位高，收入相对就高；职业差，收入相对也比较低。所以，销售人员在与客户交流的时候，不能忽视一张小小的名片。

只要细心，销售并不难。用心去判断客户的购买欲望和购买能力，适时达成交易，销售的成功率就会提高。

8. 以情动人，适时流露出你的关心

> 真诚的关心，让人心里那股高兴劲儿就跟清晨的小鸟迎着春天的朝阳一样。
>
> ——高尔基

销售人员为了拥有更多的客户资源，会使用一些销售技巧。但是想要长久地留住顾客，就需要"以情动人"，时刻流露出你对客户的关心。因此，销售人员推销产品时必须用"心"去推销，才可以真正留住客户。

有一次我和朋友去吃火锅，那家火锅店的服务给我留下了很深刻的印象。就餐前如果需要排队，店里会有免费的茶水、水果、瓜子供顾客享用，就餐时服务员的服务也很细心周到。当天让我印象最深的是有一位顾客想要将没吃完的西瓜打包带走，这时服务员上前说："对不起，打开的西瓜有可能弄脏您的衣服，送您一个没打开的吧！"服务员的做法令我很感动，我和朋友们每次吃火锅都会去那儿，并且还会推荐别的朋友去。

由此可见，销售人员必须用真诚的关心去赢得顾客的心，才能够不断地将新客户变成自己忠实的老客户。

主动询问客户的需求。销售人员面对客户的时候一定不能将客户晾在一边不闻不问，而要跟踪服务，积极主动地与客户进行交流，可以通过询问对产品满意度，或者是询问客户的其他服务要求，从中找到话题，打破尴尬的局面，让客户对我们的跟踪服务感到满意，同时加深双方的感情。

寻找共同话题。当销售人员与客户交流时，如果仅仅只是就销售内容进行交谈，那么谈话内容会非常僵硬，不利于增进彼此间的感情。销售人员可以就某些共同爱好或兴趣进行交流，从而找到共同话题，这样更容易吸引客户，增进彼此间的亲密感。

适时登门拜访。当销售人员在与客户长期联系的过程中，如果与客户的关系较为友好，销售人员就可以在适宜的时机登门拜访客户。这样既可以表示对客户的尊重和重视，又能深入了解客户的信息。

做好售后服务。销售人员不能认为将产品推销出去以后就算销售成功了，要想真正留住客户一定要做好售后服务。良好的售后服务是留住客户、形成良好口碑的重要前提。销售人员虽然负责的是销售工作，但是仍然要尽最大的努力帮助客户解决售后问题。如果自己解决不了，就要立即联系相关的负责人尽快解决。切忌推卸责任，因为销售人员负责的态度会让客户感受到关心之情，从而对销售人员产生信赖感，这样有利于增进双方的感情，提高销售的成功率。

一定要诚信。孔子曾说，"人无忠信，不可立于世"，诚信对销售人员来说也同样非常重要。销售人员对客户一定要诚实，不能为了将产品推销出去而夸大产品的功能，诱导消费者。销售人员介绍给客户的产品一定要货真价实，不能有欺瞒客户的行为，对客户的承诺一定要兑现。

销售也要从消费者的情感需要出发，适时流露出对顾客的关心之情，唤起和激起消费者的情感需求，引导消费者心灵上的共鸣，寓情感于销售之中，让有情的销售赢得无情的竞争。

9. 学会借助外界的力量宣传产品

成功靠别人而不是靠自己。

——陈安之

现代社会销售无处不在，竞争也越来越激烈，销售人员为了提高销售业绩更是全身心投入到工作中去。但是靠个人单枪匹马独闯天下的时代已经过去了，销售人员要想在销售行业取得一定的成就，需要借助他人的力量而不是仅依靠自己一个人艰苦奋斗。简言之，销售人员就是要借助外界的一切可为自己利用的力量，帮助自己提高工作效率，迅速达成销售目标。

杰克在大学里学的是计算机专业，毕业后进入一家软件设计公司工作。半年后，由于工作表现突出，被选拔进入研发小组并担任组长。他开始沾沾自喜，骄傲起来。但杰克很快发现有的同事虽然在计算机应用能力上不如自己，但是却具有丰富的研发经验。其中一个其貌不扬的同事，平时寡言少语，但做出来的方案却令人眼前一亮。杰克意识到要靠自己的力量很难攻克这个研发项目，只有与人合作才有希望取得成功。于是杰克开始努力学习并虚心向别人请教，最终在大家的共同努力下很快将研发课题攻克下来，杰克的业务能力也大大提高了，赢得了上司的青睐。

同样，对于销售人员来说，一个人的力量也是有限的，要想获得进一步的发展，就需要学会借助外界的力量帮助自己完成目标。

学会利用从众心理。多数客户往往都有从众心理，当销售人员向客户推销产品时，他们会因为对产品不熟悉或者不了解而放弃购买决定，但有经验的销售人员在做推销的时候，经常会说一句话："某位先生或某位小姐已经买了，他们都觉得很满意。"这样说肯定比纯粹介绍产品更加容易让客户接受。所以，当销售人员无法自己说服客户时，可以借助外在的力量，这样会起到很好的作用。

结识有影响力的人，与他们做朋友。大多数客户比较信任有权威或是有影响力的人，喜欢听从他们的意见或判断，或是跟随他们的脚步。销售人员应该时刻留意身边的亲朋好友以及客户的品格、能力及影响力，要用真心去交朋友。为了赢得他人的真诚相助，销售人员必须先付出一些东西，比如，平时对他人无微不至的关怀或别人陷入困境时及时伸出援助之手，长此以往，你的付出总会有所回报。当然，与任何人相处都要以友善、真诚为本。

正确认识借助外在力量。很多销售人员并不是不会借助外界的力量，而是对借力这件事存有错误的看法，认为求助别人会有失体面或是觉得是因为自己能力不够才会去求助他人。其实这些想法都是没有必要的——比尔·盖茨说过：一个善于借助他人力量的企业家，应该说是个聪明的企业家。在办事过程中善于借助他人力量的人也是一个聪明的人。比尔·盖茨都需要借助外界力量，何况你我只是一个平常的人呢？

一个人的成功不在于自己的力量有多大，而是取决于他能够借助别人力量的能力有多强。所以，当销售人员不能够说服顾客时，不妨借助外界的力量，这个外界力量可以是某个人、某件事或者是某种现象，只要是对自己有帮助作用的，都可以借助。当你借助这些外界力量后，你会发现这些力量能起到很大的作用。

10. 准确掌握客户的需求

> 营销只有围着消费者的注意力转，才能获得市场。
>
> ——徐源

销售人员每天都要面对形形色色的顾客，不同的客户也会有不同的需求，如果不了解客户的需求，就无法为客户提供有效服务，从而完成不了销售任务。

一位女士在商场里对一台新款热水器非常感兴趣,可是她担心实际使用起来的效果不会像宣传的那样。这时销售员小李走过来,给这位女士讲解了这款产品的基本情况,比如性能、设计、所采用的新技术等。可是那位女士还是没买,因为小李讲的内容宣传册上都可以看到,并没有太大用途。在这位女士准备离开的时候,店长拿着一份顾客反馈单走到女士面前说:"您好,很多人都买了这款热水器,他们打电话过来反映热水器使用起来很方便,他们都很满意。"那位女士看见这么多人都买了,便打消疑虑也买了一台。

小李推销没有成功的原因是因为他没有掌握客户的真正需求,而有经验的店长则抓住了客户的关注点,所以销售成功。可见,"有需求才有市场",因此,销售人员必须要了解客户的需求,才有可能促成顾客购买自己的产品。

通过提问了解客户需求。提问题是了解客户需求最直接、最简单、最有效的方式。通过提问可以准确、有效地掌握客户的真实需求,可以有针对性地为顾客介绍产品或提供服务。与单纯地介绍产品相比,提问更容易引起客户的注意,这种方式往往能引起客户主动思考,从而达到与客户有效交流的目的。销售人员通过提问可以建立与客户之间的联系,使顾客认真思考你所表达的观点,比如,"我认为……您觉得是不是这样"这种提问方式不仅使销售人员表达出自己的观点,而且还能够让客户主动思考并给出销售人员一个答案,对销售人员掌握客户的需求更有利。

提问要有针对性。当销售人员与客户交流沟通时,提的问题一定要具有针对性,不能漫无目的地提出一些与话题无关的问题,所以,销售人员要提恰当的问题,以便于了解客户需求的问题。因此,销售人员在提出问题之前,最好能够对自己的问题进行思考,避免一些有歧义、让客户不知道怎么回答的问题。

站在客户的立场看问题。销售人员向客户推销商品时,希望客户接受你的观点购买产品,需要先了解客户的需求,而了解客户需求的方法莫过于站在客户的角度思考问题。因为销售人员与客户的思维方式和立场不同，如果销售人员一味坚持自己的立场，客户会对销售人员产生抵触的心理，不利于销售，但是销售人员主动站在客户的角度思考问题，那么分歧就会得到很好的解决，与客户的沟通也会变得顺畅，更容易探求到客户的需求，从而促成交易。

销售人员是否能够准确掌握客户的需求对销售业绩能否提高有着重要影响，所以销售人员要不断学习，以使自己更深入地了解客户需求，促成交易。

11. 合理利用自己情绪的力量

> 成功的秘诀就在于懂得怎样控制痛苦与快乐这股力量，而不为这股力量所反制。如果你能做到这点，就能掌握住自己的人生，反之，你的人生就无法掌握。
>
> ——安东尼·罗宾斯

肖燕毕业后进入一家食品包装企业做市场营销。一次肖燕到客户那里做反馈调查，由于客户对这次产品不是很满意，就开始向肖燕抱怨，而且客户的说话十分难听，这使肖燕非常生气，但是肖燕为了不失去这个合作商，努力控制住自己的情绪，保持微笑听完了客户的抱怨和谩骂，并且将客户不满意的地方都记录下来。当客户抱怨完之后，肖燕还向客户承诺会将反馈意见汇报给上司，一定帮客户解决好问题。这位客户被肖燕的真诚所打动，放弃了终止合作的决定。

由此可见，销售人员的情绪对销售工作很重要。积极的情绪可以拉近与顾客的距离，消除客户的戒备心理，使彼此敞开心扉，增强彼此之间的沟通效果。相反的，负面情绪会加强客户的抵触心理，不利于销售人员与客户进行深入的交流。所以，销售人员一定要控制好自己的情绪，要尽可能用自己的乐观情绪去感染客户，为客户服务。

有句话说，"你快乐，所以我快乐"。情绪是可以相互传染的，销售人员如果缺少热情，那么客户也会被感染到负面情绪，对销售人员同样不会产生热情的回应，销售人员的业绩自然会很差。所以在与客户接触时，一定要使自己的情绪达到最佳状态。微笑是表达良好情绪的一种方式。微笑的感染力是巨大的，它能深入到客户的内心，因此，推销员要擅长用微笑传递自己正面的情绪，影响客户，促成交易。

当销售人员发现自己的情绪正在往不好的方向发展时，可以做深呼吸，稍稍平复一下自己的心情，然后再面对自己的客户。事后，销售人员可以回想一下当时的情景，找出自己心情变化的原因，并找出解决方法。同时，也可以设想一下如果没有控制住自己的不良情绪会造成什么样的后果，这样会帮助自己有效地控制住负面情绪。

通过调节自己的认知方式来调节情绪。例如，当客户对商品不满意而向销售人员抱怨时，销售人员可以这么想：如果我作为客户的话，买到质量不好的产品肯定也会生气，客户生气是理所当然的，所以我不能生客户的气，应该及时帮助客户解决问题，安抚客户，而不应该反驳客户。这样我们就可以通过换位思考来达到调节情绪的目的。

懂得控制自己的情绪，才会懂得该如何与人沟通，这是很多销售人员成功的原因。推销的成败与销售人员情绪好坏有着很大的关系。销售人员要合理利用自己的正面情绪感染自己的客户，从而使双方在心情愉悦的积极情绪中完成销售。

12. 在自己的权限范围之内做出承诺，赢得信任

> 如果要别人诚信，首先自身要诚信。
>
> ——莎士比亚

取得客户的信任对销售人员来说很重要，因为只有赢得客户的好感，才有可能促成销售。因此，销售人员为了能够与客户达成交易，会向客户许下承诺，如果销售人员是在自己的权限范围内许下承诺，那么就可以兑现承诺，从而赢得客户的信任；反之，不仅不能够赢得客户的信赖，而且还可能失去客户的信任。

杜森是一家软件设计公司的销售经理，正在和一位客户洽谈，但是由于双方对价格以及服务存在分歧，故而久久没办法签订合同。为了尽快达成协议，未经公司允许，杜森就向对方承诺每天免费为他们做软件升级。可是当顾客将这个条件写进合同里的时候，却遭到了公司的拒绝，客户认为受到欺骗，于是立即终止了双方的合作关系；杜森也因为这次擅自行为受到了公司严厉的处罚。

销售人员的工作要建立在相互信任的基础上，客户不信任销售人员，那么销售就无法进行下去。想要赢得客户的信任，首先，要有良好的道德修养和平和的心态。要以高度负责的精神对待客户，要以诚相待，不要因为对方提出让你难以解决的问题而不悦，更不能靠诈骗、错误的诱导、夸大产品优点等方式来达到成交的目的。销售人员也要有良好的心态，考虑问题要长远，不要为了短期利益而欺骗消费者。面对客户时，要以真诚、实事求是的态度去介绍自己的产品，要一直坚持认真负责的态度赢得客户的信赖。

其次，必须熟知自己的权限范围。销售人员一定要了解自己的权限范围，即需要知道哪些决定是只需通过自己就可以做的，哪些是需要请示上级领导才能够做的。因为只有这样，才能保证兑现给予客户的承诺，赢得客户的信赖。销售人员可以通过询问有经验的同事，向他们请教什么情况可以自

已做决定,什么情况需要请示领导,或者认真学习公司的各类岗位职责、任职资格、岗位权限描述等内容,加强自己对个人职责的认知。

适当暴露自己产品的缺点赢得客户信任。"金无足赤,人无完人"是至理名言,一些销售人员在向客户推销产品时,会极力掩饰自己产品的不足之处,回应客户提出的所有问题和建议,少说"不行"或"不能"的言语。殊不知,任何产品不可能做到面面俱美,你的"完美"宣言恰恰在宣告你的"不真实"。宣传自己产品的优点固然是推销中必不可少的,但执行的时候也要有一定的灵活性。在某些时候,适当地讲一点自己产品的缺点,不但不会使顾客退却,反而能赢得他的深度信任,从而乐于购买你的产品。

因此,请记住这样一个真理:不管时代往前推进多少,诚实都是赢得顾客之本。

13. 善于解决彼此之间的冲突

> 人与人之间的相互关系中,对人生的幸福最重要的莫过于真实、诚意和廉洁。
>
> ——富兰克林

在销售工作中,由于销售人员与客户的立场、目的、观点的差异,冲突在所难免。为了能与客户建立和谐的人际关系,学习如何解决冲突已成为销售人员的必修课。

王小姐在商场内的一家服装店工作,每天都会遇到形形色色的顾客。一次,一位顾客进到店里来,王小姐负责接待。这位顾客不仅对王小姐的问候视而不见,而且自顾自地批评起店里的服装档次低,王小姐听到顾客诋毁自己店里的商品,担心别的客户听见了对服装店的影响不好,于是就向那位顾客解释,也许是因为王小姐的语气比较急,让那位顾客听起来很不舒服,顾客就与王小姐吵了起来。店长看见了，就赶紧过来调解，虽然平息了顾客的怒气，但是依然给服装店造成了不好的影响，王小姐也被辞退了。

作为销售人员的王小姐，与客户吵架，犯了销售工作的大忌。销售人员要避免与客户发生冲突。但如果冲突已经发生了，销售人员应该怎样处理呢？

正确对待客户的批评。销售人员要有虚心的态度，因为顾客批评你大都是事出有因，也许是你自身态度有问题或者是你的产品存在某些缺陷，所以，销售人员要虚心善意地看待客户的批评意见，只有积极正视批评建议，你才能够发现问题，从而想办法解决问题。需要注意的是，在顾客提出批评意见的过程中，销售人员一定不要急于为自己辩解而打断客户的话，否则矛盾会变得更加尖锐。一定要让客户将他的意见表达完整，销售人员再向客户阐明自己的观点，努力争取到顾客的谅解。

真诚向客户道歉。销售人员首先要做的是主动承认自己的过失，并为由于自己的错误给客户带来困扰做出真诚的道歉，道歉之后再向客户解释原因，但是解释的话中不能表现出埋怨客户或批评客户的意思，只能够反思自己的错误，这样做客户会选择原谅你，就会成功地化解矛盾冲突。

找人帮忙调解。由于发生冲突时，冲突双方只会站在各自的立场上为自己分辨，这只会加剧冲突。所以，销售人员应该及时找领导帮忙调解，积极真诚地解决问题。

用友善化解冲突。销售人员与客户发生冲突时，不要采用激进的方式，而要选择友善的态度应对冲突，激进的方式只会加深矛盾，不利于解决冲突。如果销售人员选择友善的方式，那么客户也会用友善的方式来对待你，双方都心平气和了，冲突也就化解了。冲突和矛盾往往是在双方不理智的情况下产生的，如果不注意解决只会使问题变得越来越大，冲突的缓解必须得有一方利用友善来解决，而这一方无疑应该是销售人员。

销售人员一定要记住"顾客永远是对的"这一至理名言，要克制自己的情绪，不要计较谁对谁错，要主动做出让步，真诚道歉，以赢得客户的谅解，最终解决冲突。

14. 即便达不成意向，也要给对方留下好印象

> 如果你不能给别人留下长远的印象的话，想要制造正面的影响力是很困难的。
>
> ——戴尔·卡耐基

销售人员时常需要与客户进行沟通，能给客户留下好印象对销售人员来说非常重要。因为销售人员即便不能与客户达成意向，但是好的印象会为促成下次的合作做好准备。

小张是一家商场的家用电器销售人员，每天上班的时候都会整理好自己的仪容仪表，他认为这样做可以表现出对顾客的尊重。每天来来往往咨询的客户很多，但能够成交的并不算多。但是小张并不会因为客户没有购买而怠慢顾客，仍然很热情地为顾客服务。当顾客咨询时，小张会很详细地向客户讲解；当顾客表达自己的意见时，小张会很耐心地听完客户的话，长此以往，很多顾客在有需要的时候首先就会想到小张，因此小张的销售业绩提高很快。

不难发现，销售人员能否给客户留下好的印象对销售成绩起着很大的作用。作为一名销售人员，得体的穿着是非常重要的，干练的西装、简洁大方的公文包都是必备的，女士可以喷上香水，但是味道不能浓郁，男士最好佩戴手表，这样给人感觉更加专业。除了服饰需要注意之外，形象也要格外注意，男销售员不要留胡须，不要留过长的指甲，女销售员平时要注意脸部的保养，见客户时要化淡妆等。

与客户见面时，客户对销售人员的第一印象很大程度上依赖于销售人员的仪容仪表，良好的形象可以给客户留下好印象，所以，销售人员在与客户会面时一定要重视自己的形象，态度要诚恳。销售人员与客户交谈时，要让客户感觉到你在尊重他，尤其当客户向销售人员表示不会购买产品时，销售

人员不要有任何反感的表现，在向客户告别时仍要对客户的到来表示感谢，并承诺当顾客需要时仍会为他提供服务。销售人员现在诚恳的态度是为以后的合作创造条件。

多了解客户。销售人员在去见客户之前要多去了解他，了解他的性格，对产品的需求等，充分的准备不仅会让客户感受到销售人员的认真态度，而且销售人员也会有足够的信心面对客户。在与客户沟通时，销售人员切忌喋喋不休地述说，一定要耐心、认真地倾听客户的讲话，因为倾听可以帮助销售人员更加了解客户，获取更多的信息，从而掌握客户的需求，更好地为客户服务。

销售人员向客户推销时，要讲客户感兴趣的话题，而不是自说自话。要知道客户想要的是什么，然后针对客户的需求，谈论一些他们喜欢听的话题，但是要避免谈论客户的隐私，也不要强制地向客户推销自己的产品。销售人员与客户见面之前，一定要先了解客户的兴趣爱好，交流时想其所想，投其所好，这样会给客户留下深刻印象，可以为销售工作打下良好的基础。

在销售中能否给客户留下好的印象，对销售的成败起着关键性作用，所以销售人员必须谨小慎微，给客户留下好的印象，赢得客户的赏识，从而促使销售工作顺利进行。

15. 忍耐——稳扎稳打，步步为营

> 要是你无法避免，那你的职责就是忍受；如果你命运里注定需要忍受，那么说自己不能忍受就是犯傻；耐心是一切聪明才智的基础。
>
> ——柏拉图

销售人员在进行推销的时候，如果急功近利，那么销售任务很可能就无法完成。所以，销售人员一定要学会忍耐——稳扎稳打，步步为营。

小雪是一家设计公司的销售人员，已经工作半年了，想尽快获得升职机会。恰巧公司有一个项目迟迟没有签下合同，所以公司承诺成功签下订单的人就可以得到升职加薪的机会。小雪认为自己的口才还不错，所以也没有向之前的同事详细询问关于客户的基本情况，莽莽撞撞地就去了。可想而知，小雪在没有充分了解客户信息的情况之下就去见了客户，任务是不可能完成的，因此没得到升职的机会。

所以，销售人员要想取得成功，一定不能冒进。事前一定要做好万全的准备，稳中才能求胜。孙子兵法曰：知己知彼，百战不殆。准备充分了，说服客户时才能有的放矢，才能立于不败之地。

销售人员首先要做到"知己"。销售人员在开展自己的销售工作之前，一定要掌握自己公司的发展历史、文化、技术、生产等各个方面的情况，特别是要了解公司产品的相关信息，只有这样才会对客户的疑问应对自如。销售人员可以将产品的有关资料整理在一个专门的笔记本上，随身携带，方便自己随时随地记忆，加深印象。遇到不懂的地方，一定要及时找公司的专业人员请教，直到自己弄明白为止，切忌不懂装懂。"知己"不仅要做到了解自己的公司，还要了解自身的优缺点，这样才能在销售工作中趋利避害，充分发扬自己的优点，赢得客户的认可，促成销售。

销售人员还要做到"知彼"。所谓的知彼是指销售人员要了解市场、了解竞争对手，通过直接或间接的方式了解客户的状况，还要了解竞争对手的商品及自己产品的潜在客户。通过进行市场调查，熟悉市场行情，掌握第一手的客户资料，确定潜在目标客户群，找到合适的客户。

确定目标客户之后就要做好说服客户前的准备工作。古人云：凡事预则立，不预则废。销售前的准备工作相当重要。销售人员要保持良好形象，头发要梳理整齐，胡子要刮干净，领带要打直，皮鞋要擦亮，指甲要常剪，要干净利索，显得有精神；如果是女士，可适当化些淡妆，服饰穿着应得体大方，服饰不见得名贵，但一定要干净整洁。

销售人员要带齐所需的资料，如产品宣传册、个人名片、样品、营业执照以及相关公司证书的复印件等,并要熟记在心。在洽谈过程中,要注意聆听的艺术,要学会多听少说,一方面表示对对方的尊重,另一方面也有利于了解和解答对方的问题,并发现对方对产品有无购买欲望。

通过洽谈,对于符合公司要求的目标客户要及时打电话进行沟通和跟进,跟进要遵循欲擒故纵的方式,而千万不能急于求成,不分时间、地点催促客户签合同、提货,那样只会弄巧成拙,贻误战机,让客户感觉你是在急于寻找客户,从而给你提出一些过分的条件,为双方以后的合作埋下阴影。

销售人员只有准备充分了,说服客户时才能步步为营,才能立于不败之地。

16. 情商,引领销售新篇章

> 销售产品之前先销售人品,而情商可以拉近情感,跟客户建立情感,你的人品和产品就成为对等的了。
>
> ——《情商与影响力》

销售人员要想销售产品,首先要学会销售自己,想要更好地销售自己,就必须具备高情商,高情商不仅有助于我们完成自己的销售任务,还可以帮助我们收获更多的无形财富,比如朋友、职场经验等。

在公司举办的一次经销商大会上,一位忠诚的经销商热泪盈眶地拉着销售人员丽丽的手说:"我一直很感动,并不是你帮我介绍了货真价实的产品,而是你做了很多看似微小的事情,但是这些小事却深深地打动了我。也许你认为对我的帮助不过是举手之劳,但是对我来说却起到了关键性的作用。所以是你的尊重、理解、帮助和坦诚使我成为你忠实的客户。"

由此可见,丽丽是一位高情商的销售人员,她用宽容去理解客户的难处,谅解客户,凭自己的能力去兑现承诺,她的高情商感动了客户,也使自己越来越接近成功。

高情商的销售人员能够控制自己的情绪。销售人员在面对各种各样客户的时候，与客户难免会有很多意见不一致的地方，如果销售人员无法控制自己的情绪，那么将会给客户留下不好的印象，从而无法完成销售任务。因此销售人员一定要学会控制自己的情绪，当你发现自己的情绪正在往不好的方向发展时，你可以通过做深呼吸来平复一下自己心情，然后面带微笑继续跟客户交流。懂得控制自己情绪的销售人员往往会懂得如何与客户沟通，所以才能够赢得客户的好感。

情商高的销售人员具有正能量。每当遭遇挫折、陷入事业瓶颈期或处在人生低潮、看不到希望的时候，销售人员要会鼓励自己前进，告诉自己要站起来，要用积极乐观的态度去面对困难。销售人员不仅要激励自己，也要会鼓励别人。要学会赞美周围的人，要学会肯定自己的家人、同事、朋友以及客户。这样别人和自己在一起的时候才会有一种被重视的价值感，这样别人才愿意和你沟通、交流，你的客户也是如此。

高情商的销售人员具有建立关系的能力。现在很多销售人员很重视与客户建立友好的合作关系，因此销售人员应该成为解决客户问题的能手和与客户发展关系的行家，力求敏锐地把握客户的真实需求。高情商的销售人员会很耐心并且全神贯注地倾听客户的谈话，在服务上会细致周到，他们总会站在顾客的立场上，用客户的眼光来看问题。销售人员所做的不是去讨客户的欢喜，而是真正去关心客户的利益，只有这样，你才可以成功地销售自己，销售你的产品和服务。

很多销售人员为了提高销售业绩，都去寻找销售的秘籍、销售的方法，其实最好的销售秘籍就是做一个高情商的销售人员。

情商测试题（5）

销售人员情商测试题

说明：请根据对每一题目的第一印象作答，不必仔细推敲，答案没有好坏、对错之分，并将所对应答案的选项写在题号前。

1. 看电视或电影时，经常会融入剧情的发展中。

   A. 是　　　　　B. 不是　　　　　C. 不一定

2. 凡事喜欢亲力亲为。

   A. 是　　　　　B. 不是　　　　　C. 视事情重要性而定

3. 做任何事情，我喜欢独自策划，不愿意别人来插手。

   A. 是　　　　　B. 不是　　　　　C. 不一定

4. 休闲时，通常喜欢：

   A. 外出　　　　B. 待在家里　　　C. 视心情而定

5. 我不擅长说笑话趣事。

   A. 是　　　　　B. 不是　　　　　C. 不一定

6. 愿意从事的工作是：

   A. 有固定可靠的薪水　B. 依能力表现可获得高收入的工作　C. 介于两者之间

7. 当遭遇挫折时，总会：

   A. 再接再厉　　B. 找朋友帮忙　　C. 感到很灰心

8. 与别人辩论时，非到最后关头绝不服输。

   A. 是　　　　　B. 不是　　　　　C. 不确定

9. 当提出的建议被上司否决时，会：

   A. 很在意　　　　　B. 自我检讨　　　　　C. 觉得没什么关系

10. 不喜欢别人对自己过分的关心。

    A. 是　　　　　　B. 不是　　　　　　C. 视状况而定

11. 比较喜欢：

    A. 与父母住在一起　B. 独立建立自己的生活天地　C. 视情况而定

12. 在团队活动中，喜欢：

    A. 当主持人　　　　B. 帮助推动活动的进行　C. 不太喜欢参加

13. 听到好听的歌曲时，会：

    A. 跟着唱　　　　　B. 静静地欣赏　　　　C. 不一定

14. 在大众面前演讲或表演对自己而言是一件很困难的事。

    A. 是　　　　　　B. 不是　　　　　　C. 不一定

15. 总有把握完成上司交办的事情。

    A. 是　　　　　　B. 不是　　　　　　C. 不一定

16. 比较喜欢当：

    A. 高薪外勤人员　　B. 单位主管　　　　　C. 内勤职员

17. 在说话时被人打断，会：

    A. 很生气　　　　　B. 继续说下去　　　　C. 让他说完我再继续

18. 常常觉得别人在背后批评自己。

    A. 是　　　　　　B. 不是　　　　　　C. 不一定

19. 有甄选机会的话，会甄选：

    A. 继承父业　　　　B. 自行创业　　　　　C. 在私人公司工作

20. 喜欢过着：

    A. 安静祥和的生活　B. 紧张忙碌的生活　　C. 介于两者之间

21. 朋友都认为自己是个说话风趣的人。

    A. 是　　　　　　B. 不是　　　　　　C. 不一定

22. 主管临时交给自己一件从未做过的工作，会：

A. 欣然接受　　　　　B. 请别人来做　　　　C. 借故推辞

23. 在学历比自己高者面前，常不敢发表意见。

A. 是　　　　　　　B. 不是　　　　　　　C. 不一定

24. 不喜欢别人不按自己的意见行事。

A. 是　　　　　　　B. 不是　　　　　　　C. 不一定

25. 心情不好时，容易对人发脾气。

A. 是　　　　　　　B. 不是　　　　　　　C. 不一定

26. 假如自己是主管，会很放心把工作交给下属去办。

A. 是　　　　　　　B. 不是　　　　　　　C. 不一定

27. 上街购物时，喜欢：

A. 单独去　　　　　B. 有人陪伴　　　　　C. 两者皆可

28. 繁忙的生活使生命多姿多彩。

A. 是　　　　　　　B. 不是　　　　　　　C. 不一定

29. 遇到困难时，会：

A. 乐观地寻求解决之道　B. 顺其自然　　　　C. 无力感；灰心

30. 面临重要决定时，会：

A. 慎重，再三考虑　　B. 马上做决定　C. 紧张不安，不敢下决定

31. 在有很多贵宾的场合里，会：

A. 紧张不安　　　　B. 没什么特殊感觉　　C. 借机会结交朋友

32. 喜欢主持会议或领导团队活动。

A. 是　　　　　　　B. 不是　　　　　　　C. 不一定

33. 别人对我批评，会：

A. 很生气予以反驳　　B. 不去理会它　　　　C. 欣然接受

34. 坐别人的车子时，会：

A. 很紧张　　　　　B. 很安心　　　　　　C. 不一定

35. 工作上遇到困难时，经常：

A. 自己寻求解决方法　B. 找朋友帮忙　　　　C. 放弃这份工作

36. 喜欢结交各类型的朋友。

A. 是　　　　　　　B. 不是　　　　　　C. 不一定

37. 不会在意别人给自己取任何绰号。

A. 是　　　　　　　B. 不是　　　　　　C. 不一定

38. 别人认为可能做的事，会尝试去看看。

A. 是　　　　　　　B. 不是　　　　　　C. 不一定

39. 要跨越很多的马路时，会：

A. 依自己的判断走过去　B. 东张西望　　　　C. 绕别的路走

40. 开会时，经常：

A. 发表自己的意见　　B. 随从别人的意见　　C. 不一定

41. 常会因小挫折而在意。

A. 是　　　　　　　B. 不是　　　　　　C. 不一定

42. 计划一件事，会：

A. 与人合作　　　　B. 自己单独进行　　　C. 不一定

43. 做事通常会依照别人会成功的方法去做，以避免错误。

A. 是　　　　　　　B. 不是　　　　　　C. 不一定

44. 大家都认为自己平易近人，很好相处。

A. 是　　　　　　　B. 不是　　　　　　C. 不确定

45. 喜欢热闹的地方。

A. 是　　　　　　　B. 不是　　　　　　C. 不一定

46. 若有一笔闲钱，会拿去：

A. 存在银行里　　　B. 投资于不动产　　　C. 投资股票或期货

47. 喜欢谈论自己工作上的成就。

A. 是　　　　　　　B. 不是　　　　　　C. 不一定

48. 在工作中，喜欢：

A. 指导别人　　　　B. 别人指导我做　　　C. 视当时情况而定

49. 生气而无处发火时,会拿东西来出气。

   A. 是　　　　　　　　B. 不是　　　　　　　　C. 不一定

50. 同事向自己借钱时,会:

   A. 借给他　　　　　　B. 借口没钱而予拒绝　　C. 不一定

51. 到一个陌生的地方找住址时,经常:

   A. 找人问路　　　　　B. 参考地图　　　　　　C. 不一定

52. 主动去和陌生人交谈:

   A. 是一件难事　　　　B. 毫不困难　　　　　　C. 视当时情况而言

53. 宁愿服饰整体大方,而不愿奇装异服引人注目。

   A. 是　　　　　　　　B. 不是　　　　　　　　C. 视场合而定

54. 喜欢去湖上泛舟。

   A. 是　　　　　　　　B. 不是　　　　　　　　C. 不知道这个地方

55. 工作时,主管站在自己旁边,会:

   A. 紧张不安　　　　　B. 依平常心情继续工作　C. 视当时情况而定

56. 假如自己出来竞选,会选择竞选:

   A. 地方领导　　　　　B. 人大代表　　　　　　C. 都不要

57. 心情很容易受周围环境影响。

   A. 是　　　　　　　　B. 不是　　　　　　　　C. 不一定

58. 遇到困难时,会:

   A. 请人帮忙解决　　　B. 自己解决　　　　　　C. 视当时情况而定

59. 不会在意别人对自己的看法,喜欢依照自己的方式生活。

   A. 是　　　　　　　　B. 不是　　　　　　　　C. 不一定

60. 除非万不得已,才会参加社会集会。

   A. 是　　　　　　　　B. 不是　　　　　　　　C. 不一定

61. 别人取笑自己时,会:

   A. 常挂在心上　　　　B. 很快就会忘记　　　　C. 视情况而定

62. 在社交场合中,如果自己突然成为众人注目的对象,会觉得:

A. 很紧张　　　　　B. 很光荣　　　　　C. 不一定

63. 在求学或工作过程中,从不会为任何考试或竞赛而担心。

A. 是　　　　　　　B. 不是　　　　　　C. 不一定

64. 排队时,如果有人在自己面前插队,会:

A. 出言干涉　　　　B. 随便他　　　　　C. 不一定

销售人员情商测试评分

每行得分小计（请填写每题对应的分数,每题分数按照ABC答案的顺序计算,例如第一行的第一个分数计算方式如下：A是1分,B是3分,C是2分,然后相加每行的总数,对应下面表格中的算式得出最后分值）

1. ABC 9. ABC 17. ABC 25. ABC 33. ABC 41. ABC 49. ABC 57. ABC (测情绪，对应表格第一行
   1 3 2   1 2 3   1 2 3   1 3 2   1 2 3   1 3 2   1 3 2   1 3 2   第一行总分数_____)

2. ABC 10. ABC 18. ABC 26. ABC 34. ABC 42. ABC 50. ABC 58. ABC (测依赖度，对应表格第二行
   1 3 2   3 1 2   3 1 2   3 1 2   1 3 2   3 1 2   3 1 2   3 1 2   第二行总分数_____)

3. ABC 11. ABC 19. ABC 27. ABC 35. ABC 43. ABC 51. ABC 59. ABC (测独立性，对应表格第三行
   3 1 2   1 3 2   1 3 2   3 1 2   3 1 2   3 2 1   1 3 2   1 3 2   第三行总分数_____)

4. ABC 12. ABC 20. ABC 28. ABC 36. ABC 44. ABC 52. ABC 60. ABC (测个性，对应表格第四行
   3 1 2   3 2 1   3 2 1   3 1 2   3 1 2   3 1 2   3 1 2   1 3 2   第四行总分数_____)

5. ABC 13. ABC 21. ABC 29. ABC 37. ABC 45. ABC 53. ABC 61. ABC (测脾气，对应表格第五行
   1 3 2   1 3 2   3 1 2   3 1 2   3 1 2   3 1 2   3 1 2   1 3 2   第五行总分数_____)

6. ABC 14. ABC 22. ABC 30. ABC 38. ABC 46. ABC 54. ABC 62. ABC (测冒险性，对应表格第六行
   1 3 2   1 3 2   3 1 2   2 3 1   3 1 2   3 1 2   1 2 3   3 1 2   第六行总分数_____)

7. ABC 15. ABC 23. ABC 31. ABC 39. ABC 47. ABC 55. ABC 63. ABC (测自信心，对应表格第七行
   3 2 1   3 2 1   1 3 2   1 3 2   1 3 2   3 2 1   1 3 2   1 3 2   第七行总分数_____)

8. ABC 16. ABC 24. ABC 32. ABC 40. ABC 48. ABC 56. ABC 64. ABC (测领导欲，对应表格第八行
   3 1 2   2 3 1   3 1 2   3 1 2   3 1 2   3 1 2   3 1 2   3 1 2   第八行总分数_____)

说明：本页第1~8行每行分数之和分别对应营销情商测试结果分析表（附件1~4）的1~8行。

行	项目名称	每行得分	计分规则	*高分者特征 #低分者特征	一、总分计算规则
1	情绪	分		*稳定 #不稳定	个性分数×1 脾气分数×1
2	对人依赖度	分		*很依赖人 #对人较不依赖	冒险分数×2 自信心分数×2 领导欲分数×2
3	独立性	分		*独立性高 #独立性低	上述五项相加/8
4	个性	分	1	*外向 #内向	二、每行得分分布区域 8~14分：低分区域
5	脾气	分	1	*开朗 #严肃	15~17分：中性区域 18~24分：高分区域
6	冒险性	分	2	*喜欢冒险 #不喜欢冒险	三、总分评分等级
7	自信心	分	2	*自信心强 #自信心弱	21分以上：相当适合 17~20分：适合
8	领导欲	分	2	*领导欲强 #领导欲弱	13~16分：尚可适合 12分以下：不适合

附件1~3的总分计算：4~8项按计算规则合计_____分/8=_____分

第六章

情商在职场中的作用

1. 错了就错了，要对自己的行为负责

> 永远不要因承认错误而感到羞耻，因为承认错误也可以解释为你今天更聪敏。
>
> ——马罗

对很多职场新人来说，初入职场，每天最担心的是做错事情，让领导对自己有看法。因此一旦工作中出现错误，往往会冲动地用谎言或错误行动欲盖弥彰，不敢为自己的错误行为负责。然而，人非圣贤，孰能无过。做错事可以得到谅解，但是用错误的行为隐瞒错事，就是个人诚信问题，如若被发现，后果会更加严重。所以，如果员工做错了事要主动承认错误，这样更容易得到领导的原谅。

李卫刚进入一家汽车维修公司不久，因为工作热情、认真负责，得到了老板和同事们的一致好评。一天，李卫为客户维修好汽车，客户刷卡付费时，李卫因为大意将原本的一万块钱错刷成了一千块钱，他决定主动向老板承认错误。有的同事阻止他，认为他那样做太傻了，如果告诉老板，李卫不仅要赔偿公司的损失，而且还有可能失去工作。思来想去，李卫还是决定坚持自己的意见，拿着需要赔偿的费用，向老板主动认错并辞职。李卫这种勇敢承认错误的态度让老板觉得他是一个诚实敢于承担责任的人，非但没有批准李卫辞职，也没让他赔偿经济损失，反而决定重用李卫。

如果你做错了事，那么最好的办法就是对自己的行为负责，然后努力改正。事实上，如果你这么做了，你会发现这并不会给你带来很严重的后果。

正确理解认错。很多人不承认自己的错误，是由于自己的羞耻心作祟。所以先要正确看待认错这件事，才会开口认错。切记，道歉不是耻辱，而是真挚和诚恳的表现。认识到自己的错误，真心实意地向别人道歉，别人才会接受你。你要树立这样的观念：主动认错，及时纠正错误，是值得尊敬的事。

认错要诚恳。当自己做错事情需要向别人道歉时，你要知道道歉并不是一种为自己辩解的伎俩，更不是要去骗取别人的宽恕，你必须要有责任感，勇于承担责任，勇于承认过失，才能够真诚地道歉。你必须要为自己的错误行为负责，比如给别人造成某些损失，那你就得付出代价弥补别人，只有这样才会表现出你的真诚，别人才会真正原谅你。

道歉要抓住时机，越拖延越难以启齿。当一个人犯错时，首先想到的就是隐瞒自己的错误行为或者是为自己的错误辩解。这种想法只会让犯错的人错失道歉的时机，越来越难以开口向别人致歉。所以当发现自己做错事之后，就要马上向别人道歉，敢于及时承认错误的人，才比较容易获得别人的谅解。你越拖延，只会让别人怀疑你致歉的诚意，从而不会轻易原谅你。

一个有勇气承认错误并且勇于为自己行为负责的人，往往会成长为一个成功人士。因为他们敢于正视自己的错误，这样的人能够在与人交流中争取主动。职场新人犯错误在所难免，当你发现你敢于面对错误时，你得到的是一次成长的机会。

2. 懂得与领导沟通的艺术

> 有效的沟通取决于沟通者对议题的充分掌握，而非措辞的甜美。
>
> ——安迪·格鲁夫

在职场中，如何处理与领导的关系有可能决定你的前途。处理得好，你的前途将会一帆风顺；相反，你的发展将会受到极大的影响。职场是一个非常复杂的地方，也许你会认为凭借自己的才华和能力一定会取得成功，如果你不能够与领导进行有效的沟通，你的才能将无法得到施展，将没办法在职场中取得成就。

孙利是一家软件公司的采购员，有一次公司需要采购一批办公桌椅，部门副经理给了孙利一份供应商的名单，并特别交代孙利一定要购买某某厂家的，但是孙利经过调查之后，发现副经理推荐的这个家具商的桌椅环保不达标，于是没与副经理沟通此事，就直接向经理汇报了这件事。经理将副经理叫去批评了一顿，并对他提出了表扬。从那以后，副经理总会有意无意地挑孙利的毛病，同事见领导这么对待孙利，也纷纷地与他拉开了距离。孙利感到很委屈，明明自己没有做错事但是却遭到大家的排挤。

孙利觉得委屈是因为没有意识到自己的错误，在没与上级领导沟通的情况下就擅自越级汇报。这是职场的大忌，所以大家一定要掌握如何与领导沟通，避免再犯类似的错误。

积极主动与领导沟通。如果你有工作上的意见或建议，完全可以主动找你的上司沟通，你要记住领导不会喜欢那些没有想法的员工，他们渴望从员工那儿得到一些建设性的意见。主动与领导沟通，会给领导留下一个良好的印象。与领导沟通不仅仅是在做工作总结，也会让领导知道你在用心工作。通过与领导的交流，领导也会掌握你的工作状态，根据你所取得的进步或者存在的问题，向你提供切实的意见，帮助你不断进步。

与领导沟通时要注意沟通方式。不会有人喜欢过于强硬的沟通方式，与领导沟通更是如此。你的措辞必须要委婉，你的语气也应该不急不慢。针对你所要表述的内容，你必须要有清晰的逻辑，尽量做到言简意赅，有理有据，这样既不用耽误领导太长的时间，又可以施展你的语言表达技巧。

正确对待领导的批评。人无完人，每个人都会犯错，正是因为认识到这些错误，我们才可以及时改正，不断取得进步。所以面对领导的批评时，我们要虚心接受。领导的批评是为了让我们变得更好，并不是为了挑我们的毛病,而是为了让我们能够快速成长并且独当一面。即使领导的批评是错误的,也不要当面反驳或顶撞,而是要寻找合适的时机再向他提出自己的想法。

作为下属,我们只有与上司保持良好而有效的沟通,产生良好的互动,才能得到上司的指导与帮助,才能提高自身的工作水平,提高自己的技能。与领导交流是一种能力,这种能力可以使我们有一个很好的职业前景,也会让我们对工作的每一天都充满期待。

3. 可有可无的员工,总有一天会被淘汰

> 只有永远躺在泥坑里的人,才不会再掉进坑里。
> ——德国思想家、教育家 黑格尔

康志是一家公司的软件设计师,由于公司精简编制,他被公司人事裁掉了。可康志觉得自己工作虽然不突出,但是平时表现得还不错,也没出过差错,不应该成为被裁掉的对象,于是就去找经理问明原因。经理对他主动来找自己表示很诧异,对他说:"如果你在过去的工作中也能像今天这样主动地表达自己的想法,积极为团队出谋划策,那么今天裁掉的人肯定不会是你。"康志听完经理的话,这才意识到自己在公司里是一个"可有可无"的员工。

现实职场中,有很多像康志一样的员工,如果只着眼于按部就班地完成手头工作,不主动表达自己的想法或者不积极参与团队讨论,那么总有一天会被淘汰。所以,我们不要做"可有可无"的员工,要努力成为公司不可缺少的资源。

不断提高自己的专业能力。在职场中只有不断提高你的专业度,才能不

故步自封。我们要不断学习，不断提升自己的专业水平，因为在一个工作岗位上做久了，不去考虑有所突破的话，就会不停地重复，长此以往自己就会成为没有价值的员工，从而被公司淘汰。因此，只有不断学习，使自己变得更加专业，你才会更出色，才能够在平凡的岗位上创造价值，保证自己不会被淘汰。

适时向上司表达自己的想法。不要认为给领导提工作上的意见就会得罪领导，公司领导是非常愿意听到员工向自己提出一些建设性意见的。懂得主动向领导表达想法，不仅会给领导留下一个良好的印象，而且还能够让领导知道你在用心工作。

积极参与团队合作。一个没有团队精神的人，即便个人工作做得再好也无济于事。因为在这个讲求合作的职场中，真正优秀的员工不仅要有超强的工作能力、良好的业绩，更要具有团队精神，所以作为公司的一员，只有把自己融入整个公司之中，凭借整个团队的力量，才能把自己所不能完成的难题解决好。在团队中，你要主动思考，积极表达自己的观点，才有可能发挥出自己的价值。如果你总是不言不语，不向别人表达自己的观点，只是一味听从其他人的意见，跟随他人，那么你将难逃被淘汰的命运。

处理好与同事之间的关系。同事关系是职场关系中比较复杂的关系。处理好与同事之间的关系对我们来说非常重要。在与同事的相处过程中，难免存在意见有分歧的时候，我们一定要采用温和的方式解决，切忌与同事发生争执。

我们要知道，并不是每一位员工都能成为公司必不可少的资源的，我们只有不断学习，提高自己的能力，并处理好与领导、同事之间的关系，积极地参与团队合作，主动表达自己的想法，才有可能被公司重视，不被淘汰。

4. 主动做事，你总会得到更多机会

人，全都是为"发现"而航行的探寻者。
——爱默生

闻名世界的美国钢铁大王卡内基曾说过这么一句话："有两种人注定一事无成，一种是除非别人要他去做，否则绝不会主动做事的人；另外一种人则是即使别人要他做，也做不好事情的人。"如果你想在职场上有所成就，那么你就要积极主动地工作，这样你才会获得更多的机会。

小丁是一名文秘专业的应届毕业生，几次面试受挫之后，选择先进入一家工厂做工人。春节将至，经理想从小丁和其他几位新进员工中选一个人协助保安队值班。别人都不愿意留下来，只有小丁主动要求留下来。在值班期间，小丁不仅主动帮助老保安整理信件，还积极到管理部门办公室帮忙，经理发现小丁做事非常主动，而且认真负责，就让小丁做了自己的助理。

由此可见，在职场中每天多做一点点事情，就会得到更多机遇和发展空间。主动做事要求我们要端正态度。既然我们选择了这份工作，就要为之奋斗。工作上我们要抱着"我是在为自己工作"的态度去工作，一定要尽心尽力地为付出，不要想着是在为别人工作，如果这样想的话，自己的工作永远做不好，永远不会得到领导的重用。摆正自己的态度，摒弃那些不好的想法，让自己成为一个态度端正的人，这样对待工作才会有主动性。

提高工作要求。对每一项工作，领导想要达到的目标往往比员工自己制定的目标要高，但是大多数员工为了能够按时顺利地完成任务，就会降低对自己的要求，致使领导觉得你消极怠工，不够积极主动。所以当领导给我们下达任务之后，我们要为自己制定更高的标准，因为有压力才会有动力，这样不仅为自己创造了一个学习锻炼的平台，而且还为自己提供了一个自我挑战和升华的机会。

自我激励。工作中我们难免会遇到各种各样的挫折和失败，这些很可能会降低我们对工作的积极性并对自己的能力产生怀疑。这时，我们必须要不断地进行自我激励，比如当自己的意见与领导不一致时，我们应该多请示早汇报，同时一定要自我鼓励，存在分歧很正常，不要怀疑自己的工作能力，只要主动与领导沟通使意见达成一致就可以了，而不是自我否定，耽误工作进程。

恰当处理与同事的关系。我们自己一定要和同事处理好关系，同事关系对我们工作的积极性有很大影响。很多事情单靠我们自己的力量是很难完成的，如果我们及时寻求同事的帮助，那么将大大提高我们的工作效率。同事之间良好的人际互动和工作氛围会在很大程度上提高我们的归属感，进而调动我们工作的积极性。

主动做事是说能够主动地完成属于你或者不属你的工作，从而让自己接触更多的岗位工作，获得更多学习锻炼的机会，提高自己的综合素质。只有积极工作，你的才能才会得到体现，才能工作出色。更直白地说，才能让领导觉得你是个可培养、可提拔的人才。

5. 不懂就问，多向领导请教

有教养的头脑的第一个标志就是善于提问。

——普列汉诺夫

职场的竞争非常激烈，我们需要不断学习，提升自己的能力。不懂就问，不要不懂装懂。公司里有许多值得我们学习的对象，尤其是我们的领导，我们要多向领导学习，这样就可以变得更优秀，获得更多成功的机会。

李荣以"海归"的身份来到一家公司，他满怀信心而来，觉得自己在美国读了这么多年的书,终于可以派上用场了。他对待工作十分认真,但是书本上的东西与实际问题还是有很大出入的。刚进入公司的李荣对一些事情还不是很熟悉,遇到了困难,自己埋头钻研了好几天也没有一点成效。想向领导请教,但是碍于自己顶着"海归"的头衔,会觉得没有面子。但当他发现其他同事都在忙碌着,工作效率那么高,而自己却没有一点成绩时,他转变了想法,觉得不懂就该问,不懂装懂才是大错特错。于是他向领导请教,领导不仅没有看不起他,而且还很耐心地给他解答疑难。

不管你是一个刚毕业的大学生,还是久经职场的老将,在工作上都会碰到自己不懂的问题。这时候你千万不要错过向领导学习的机会。这样做不仅在领导心中会觉得你是一个认真对待工作的员工,还会觉得你很谦虚,自然对你会有好印象。

如何向领导请教问题,是一种艺术。会不会提问一定程度上影响着你在领导心目中的形象。会提问的人不但能如愿以偿地得到上级的指教,还会给对方留下"你是一个善于思考、力求进步的人"的好感;不会提问的人不但干扰了上级的工作步调,还会给对方留下"这个年轻人不动脑子"的担忧。

先判断事情的重要性和紧迫度,再向领导请教。对于我们来说,事情的紧迫度是比较好识别的,我们可以根据每件工作的完成时限区分它的紧迫度,即我们的某项工作的完成时间马上就到了,但是遇到困难不能够按时完成,那我们就可以向领导去请教。而判断事情的重要性对于普通员工来说有一定困难。因为一件在你看来十分重要的事,领导却未必这么看。所以判断一件事的重要性应该从领导的关注点、公司的工作需求和你自身工作职责等角度出发,而不要从你个人利益角度出发。而且,提问题时要简洁清晰,不要含糊不清,要注意节省对方的时间。

请教前先了解领导的工作节奏。工作节奏包括工作习惯和规律。例如,领导是天天待在办公室,还是经常外出行色匆匆;领导是时时关注员工的工作进程,还是着眼于结果和重点;领导是喜欢听口头汇报,还是爱看书面报告和详细资料。观察和了解你的领导,不但方便你找他提问,还有利于你和他以后的交流合作。

在适当的时机向领导请教。当我们向领导请教问题之前，要先考虑时间、方式、轻重、场合是否恰当。比如，不要在休息时间向领导请教问题，这种情况下，你不仅得不到想要的答案，而且还会打扰领导休息。请教问题之前一定要把握好时间，只有这样你才会得到想要的答案。

在公司工作的过程中，向领导学习是不断提高自己工作能力的非常重要的途径。懂得向领导学习的员工不容易被公司淘汰，因为他们会审时度势地去扩充自己的知识面，学习一些新的知识和技能，以适应公司的发展。

6. 没有人是十全十美的，学会理解老板的缺点

> 我的生活经验使我深信，没有缺点的人往往优点也很少。
>
> ——林肯

职场中每个人都有缺点，领导也不会例外。要用平和的心态面对，不应该总拿放大镜对准领导，放大上司的缺点，让上司下不来台，这样做会使你和领导的关系恶化，不利于你的职场发展。

缨子在一家外企公司工作，英语表达能力很强。一次，领导让缨子陪同自己去参加一个商务会谈，因为平时这种会谈缨子是没有资格参加的，就问领导为什么带自己去，领导说对方代表是美国人，由于自己的英语水平不高，所以要带缨子去帮忙翻译。会谈结束后，缨子回到公司就向其他同事揭领导的"短儿"，说领导的英语水平是多么差，多亏她才能够完成会谈任务。缨子上司知道了这件事之后，不仅没有批评缨子，还主动请缨子教自己英语。领导的做法使缨子很惭愧，她这才意识到人无完人，领导也是可以有缺点的，主动向领导承认了错误。

人非圣贤，领导也是普通人，所以我们应该正确看待领导的短处或缺点，不要嘲讽领导。发现领导出错时，我们要做的是采用恰当的方式给领导提意见，而不是放大领导的缺点，嘲笑领导。

放大领导的优点而不是缺点。每个人身上都有优点和缺点，领导也是。在公司里，也许你的领导在某些方面的能力不如你，但是你不能只看到领导的不足之处，而应该发现领导的闪光点，或许领导在很多方面不如你，但毕竟也只是在某些方面而已。你的一技之长胜过他，可他的综合素质却比你高。职场比拼的是综合素质，而不是专能。只要你留心领导的优点，并经常把他对公司的决策思路与你自己的思路相比较，你就会从中找出你自己的差距。

端正自己的态度。我们在看待领导缺点的时候，绝对不能用不服气的心态来看待，而是要换个角度，注意发现领导身上的长处，虚心学习他在业务和管理上的长处，端正态度，从内心尊重领导，心悦诚服地接受和服从领导。不论领导能力是否比你强，既然他能够成为你的领导，就会有值得你学习的地方。

适时给领导提意见。没有人是十全十美的，所以领导犯错或有缺点也是很正常的。当我们发现领导的错误时，我们的第一反应不应该是嘲笑，而是要采用恰当的方式给领导提出来。没有人喜欢被人命令或者过于强硬的交流方式，所以当我们向领导提出意见时，措辞一定要委婉，语气要不紧不慢，而且要经过深思熟虑再向领导提出来，最好是通过发邮件或者以书面的形式向领导提出来，这样不仅顾及了领导的面子，也会让领导觉得你很尊重他。

在职场中，也许你的领导存在这样那样的缺点，但只要他一天是你的领导，你就要服从他的安排，并且要去发现他身上那些你所不具备的东西，尊重他、欣赏他、赞美他，向他学习。肆意传播领导的缺点，无论从哪个角度来说都不是一件好事，只会成为阻碍你和领导有效沟通的障碍。

7. 不要跟上司抢风头

> 强辩者饰非，谦恭者无争。
>
> ——林逋

身处职场之中，争强好胜，努力表现自己本没什么错，但是如果去抢上司的风头就太不明智了。因为上司之所以成为上司，自有他的过人之处。在付出了数不清的辛苦和艰难之后，会有一种无论在任何场合都想做主角的欲望，所以，若有表现或出风头的机会和场合，请不要忘了将上司推到前面。

甲和乙都是某单位领导的秘书，两人都写得一手好文章，才能不相上下。但是几年下来，甲不但成了领导手下的红人，而且扶摇直上，升任秘书科科长；乙则依然是个头顶平平的普通秘书。为什么会出现这种结果呢？究其原因，是在某些时候两个人在处理与领导的关系时，做法截然不同：乙很善于领会领导的意思，写出的稿子往往是一锤定音；而甲则显得似乎有些"笨拙低效"，每次初稿总是有些不尽如人意的地方，但经领导一点拨，立刻就能被他改得漂漂亮亮，做到二稿通过。几年后，甲被领导重用，高升一步了。于是，便有人问他其中的奥妙。甲微笑作答，一语道破天机："如果你的水平、才能和领导一样高，甚至比领导还要高明，那还要领导干什么？"

由此可见，明智的下属，应该懂得如何适时地把自己的功劳归于上司，永远不要让你的光芒遮盖了你的上司，也就是切勿冒犯上司，不抢上司的风头。与上司相处时，做到以下几点，就可能避免抢上司的风头。

（1）少说话，多做事。

（2）要让上司充分地信任你。这个充分地信任是建立在充分交流的基础上，目的是你要了解上司，同时也要让上司充分了解你。

（3）当上司表达出与你不相同的意见时，你得仔细倾听。

（4）不管做什么事都需要做汇报，最好能写个短小而精悍的书面报告，如果不方便，可以用其他方式汇报。但请记住，书面优于口头，面谈优于电话。

（5）千万别得罪上司。不管什么情况下，千万别得罪上司，除非你早已有了更高的去处。

（6）不管什么情况下，即使是你的见解被上司采纳，你也千万不能到处嚷嚷说这些本来是你的想法。请记住，所有的想法最终成为上司的决定，一切都是以他的名义发出的。所以，你的目的实际上已经达到了，千万不能因此而愤愤不平。

作为下属应该学会避其锋芒，不抢上司的风头，让那些位居于你之上的上司时刻有一种优越感，感觉自己高人一等。虽然这么做会有委屈和逢迎拍马之嫌，但这就是职场。切记，如果你想要取悦领导，或者要给他们留下深刻印象，那么你千万不能表现过头，炫耀自己的才能往往会适得其反。

8. 同事之间，有如鱼水

> 一个人只靠自己是生存不下去的，因此人总乐于参加一个集体。
>
> ——林肯

在职场江湖中行走，我们会遇到各色人等，对待同事，不同的看法就可能影响你采取不同的行为方式，从而影响你跟同事之间的关系。在办公室里同事关系处理得好，同事之间和谐、融洽，自己工作起来也如鱼得水，自然精神愉快，趣味盎然；关系处理不好，同事之间别别扭扭，上下左右疙疙瘩瘩，自己苦恼不堪，工作也显得没有光彩。

李小姐原先是一所乡镇小学的老师，平时经常打交道的都是年幼的学生，由于职业习惯，辅导学生学习时常说的"你懂了吗""明白了吧"之类的话语便挂在嘴边，成了她标准的"职场语言"。后来，她随丈夫来到了南京，改行到了一家公司上班。初到公司时，她的娴静、儒雅和热情赢得了同事的好感，遇到不懂的问题时，同事也很热情地帮助她。但一段时间后，李小姐发现同事对自己的态度发生了改变，大家都很少主动找她讲话。李小姐不明白自己做错了什么，引得同事产生了不快。正当她百思不得其解时，有位同事无意间喊的一声"李老师"提醒了她。原来她平时和同事说话时，时不时会冒出"你懂了吗"之类的话语，这些居高临下的"职场语言"，是同事疏远她的原因。醒悟过来的李小姐赶紧调整了自己的职场语言，渐渐地，她和同事的关系才又慢慢好转。

　　职场人际关系的好坏将直接影响着你工作时的心情和热情，处理不好，就会因小失大，影响你事业的发展。那么，如何才能与同事融洽相处呢?

　　（1）替别人想想。"一种米养百样人"，你有你的看法，我有我的观点。要多从别人的角度想问题，他人的人生观、价值观、个性和行为习惯是长期形成的，一般来说是难以改变的，但是，只要你能站在别人的立场上想问题，就能化干戈为玉帛。

　　（2）用诚心换取真心。在日常说话、做事时，应该时刻记得把自己的诚心展现给同事。与别人说话记得看着对方的眼睛，赞美别人要面带微笑，道歉时应该目光真诚。注意那些看似微不足道的琐碎细节，不要给别人留下表面一套背后一套的印象。

　　（3）要懂得大度、宽容。在职场中，同事往往是与你接触最多、最了解你的人，与他们相处，要学会大度、宽容。大家同在一个环境中工作，难免会有一些小摩擦，如果经常为一些小事不满、烦心的话，彼此真的很难相处了。

　　（4）心态平和，善待他人和自己。每个人成长背景、贫富差距与业绩好坏等种种因素往往容易拉开你与同事的距离。但是只要你拥有一颗平常心，善待自己和他人，生活自然会将快乐回报给你。在工作的点滴细节中努力付出，定会赢得同事真切的情谊，使你一生受益。

同事之间相处，要想完全避免矛盾，避免人际纠纷，处处如鱼得水，是需要一定的沟通智慧的。

9. 遇到困难不推诿

在人生的道路上，谁都会遇到困难和挫折，就看你能不能战胜它。战胜了，你就是英雄，就是生活的强者。

——张海迪

职场就像一个没有硝烟的战场，身处其中的人每天都会面对各种各样的困难，我们不应该自怨自艾，止步不前，要迎难而上，勇往直前。敢于面对困难的人，才可能成为最终的胜利者。

张平是某公司的员工，最近公司公布了裁员名单，而他就在名单之中。因为张平在工作期间，遇到有点困难的工作项目就会推诿，总是找一堆理由拒绝，长此以往，公司就不再交给张平新的工作，只是让他做一些简单的事情。张平不但没有危机感，而且对现在的工作状态很满意，因此，张平被公司裁掉也在我们的意料之中。

由此可见，公司需要的是勇于挑战困难、迎难而上的员工，那些遇到一点困难就退缩的员工迟早会被淘汰。

尽量理智冷静地面对困难，学会理清自己。首先，我们应该清楚的是每个人由于自己能力的限制，客观条件的限制，做任何事情都不可能总是成功的，存在困难的确在所难免。因此，当我们遇到困难的时候，不要怨天尤人，也不要自怨自艾，认为自己一无是处，一遇到困难就垂头丧气，一蹶不振，这种做法只会使自己成为永远的失败者。既然困难在所难免，那么当我们遇到困难的时候，首先心态要冷静平稳，接下来重要的就是学会清理自己，也就是要分析失败的原因，找到失败的原因之后就要考虑下一步怎么办，然后重整旗鼓，为下一次挑战做准备。

比如，当工作没能完成时，不要只关注结果，关键是要分析是什么原因导致了这次任务失败。如果是因为自己没有准备充分，那下一次做好充分准备就是了；如果自己也尽了最大的努力，但是还是没能完成任务，这个时候也不要只是一味地否定自己，你通过问同事或领导，弄懂就可以了，这就是收获。

增强自己的心理承受能力。所谓心理承受力是指当一个人遇到困难时，能积极自主地摆脱困境并使自己心理和行为免于失常的能力。所谓的心理韧性是指个体认准一个目标并长期坚持向这一目标努力。在此过程中，做事不虎头蛇尾，不半途而废，不达目的决不罢休。

增强自己的能力，以增强自信。假如一个人总是遇到失败和挫折，这无疑对他的自信心是一个沉重的打击。那么这就需要我们有意识地在平时加强自己的能力，尽可能地挖掘自己的潜能，这样就为自己的成功打下了良好的基础，而每一次成功的体验，不管大的成功抑或小的成功，都会增强自己的信心，这样我们就会去尝试更具挑战性的事情，在更为激烈的竞争和困难的情况下，锻炼和提高自己的能力，这就形成了一个良性循环。困难不可怕，可怕的是我们不敢正视困难，当我们遇到困难时，首先想到的就是退缩，这不利于我们的职场发展。要想改变这种状况，我们就要有面对困难的勇气，有困难时要想办法解决它，而不是推诿回避。

10. 别让抱怨毁了你的职业生涯

> 我未曾见过一个早起、勤奋、谨慎、诚实的人抱怨命运不好；良好的品格，优良的习惯，坚强的意志，是不会被假设的所谓的命运击败的。
>
> ——富兰克林

有位伟人曾说："有所作为是生活中的最高境界。而抱怨则是无所作为，是逃避责任，是放弃义务，是自甘沉沦。"人在职场，无论我们遭遇什么样的境况，一旦停留于喋喋不休的抱怨，那么事情注定会于事无补，甚至还会弄得更糟，而这绝对不是我们的初衷。

一个大学刚毕业的女孩，被分配到一家报社工作，本以为自己可以一进去就当记者，但万万没有想到，领导分配她的工作居然是到通联部抄信封！刚开始的时候，女孩有点儿想不通，但她又想：既然领导这么安排，肯定有他的考虑，或许这个职位正好缺人。她没有抱怨，而是认真地把领导交代的工作做好。不久，她一个人就能完成三个人的工作量。领导把她的表现看在眼里，觉得这个女孩不错，别人不屑一顾的工作都能做得如此出色，那她一定也能把一些重要的工作做好。于是，领导重新安排了她的工作，从此以后，她先后担任了文摘版、理论版等版面的编辑。这个女孩就是后来红透中国的著名主持人——王小丫。

因此，抱怨于事无补，而且只会让事情变得更糟。如果你还有时间抱怨，那么你就有时间把工作做得更好；如果你已觉得抱怨无济于事，你就应该去寻找克服困难、改变环境的办法；如果你认为抱怨是一种坏习惯，你就应该化抱怨为抱负，变怨气为志气。

怎么能不抱怨，怎么能快乐？其实，日常生活中保持良好心情的"砝码"就在你的手中：

（1）学会淡泊。生活中有的人把名利看得很重，得陇望蜀，欲壑难填，财迷心窍，官瘾十足。不要那么斤斤计较，否则容易导致心理失衡。有的人为了名利，不择手段，一旦个人目的没有达成，或者耿耿于怀；或者心事重重，一蹶不振，到头来坏的是自己的心境，毁的是自身的前途，实在不划算。

（2）转移情绪。职场的道路并不平坦，难免有挫折和失误，也少不了烦恼和苦闷。当你在职场中遇到了困惑、迷茫、难堪等时，不要沉溺其中，应迅速把注意力转移到别的方面去，比如暂时离开一下现场，换个环境，或者参加一些文体活动等做法，会很快帮助你把原来的不良情绪冲淡。

（3）向人倾诉。职场离不开沟通，人际交往中少不了倾诉。心情不愉快，那就找个知心或信任的人说出来吧。心里不快却闷着不说会闷出病来的，把心中的苦处能和盘倒给知心人并能得到安慰甚至计谋的人，心胸自然会像打开一扇门一样明朗。

职场是实现人生意义的地方，当困难出现的时候，请放下抱怨，积极面对，为你理想的生活奋斗才是对自己人生负责的态度。

11. 善于倾听的人才最受欢迎

> 要做一个善于辞令的人，只有一种办法，就是学会听人家说话。
>
> ——莫里斯

古希腊哲学家苏格拉底曾说过："上天赐给我们两耳两目，却只有一张嘴，就是想让我们多听多看少说。"事实上，如果你翻开历史课本，会发现几乎所有的伟人都是善于倾听的人。

与人沟通是为了解决问题，只有良好的沟通，才能获得成功。而在职场这个特殊的平台上，尤其对于职场新人来说，倾听永远比多说话更加重要。

张露还没到30岁就当上了一家著名时尚杂志的主编了，除了过硬的技能以及敏锐的市场判断力之外，她成功的最主要原因就是四个字：善于倾听。

大学毕业之后，她在一家广告公司做平面设计。由于是新人，她对同事的想法总是充满了好奇心，每当公司的老员工传授经验的时候，她就在一旁默默倾听，还会做笔记。她的这种态度不仅让她学到了更多有用的知识，避免了一些错误，而且还得到了公司领导和员工的一致好评。没过多久，她就成了公司的业务骨干，并在第三年，升任公司客服部经理。她善于倾听的好习惯让她在与客户打交道的时候如鱼得水，业绩也节节攀升。

她的客户，一家时尚杂志的老板，在与她的交往中，看中了她的人品和潜力，花费重金聘她做了主编。尽管职位不断上升，事务繁忙，不过她善于倾听的习惯并没有随之改变，她每周至少开一次例会，让员工畅所欲言；有时候员工犯错了，她也把说话的机会留给员工，让他们自己分析并找到解决办法；遇到自己不太确定的事，她随时随地都会请教别人，然后像学生一样专心致志地聆听。在她的带领下，公司的员工团结一心，业务每年都有较大幅度的增长。

职场中，有的人认为善于说话是一种本领，于是他们口若悬河，滔滔不绝，每当别人说话的时候，他们也不知道如何尊重别人，不断通过打断别人来显示自己的才能。殊不知，一个真正善于说话的人，首先必须是个善于倾听的人。因此，要想在职场中获得一个良好的人际关系，我们就应该重视倾听的作用。

根据美国著名心理学家托马斯·戈登研究发现，按照影响倾听效果的行为特征，他将倾听分为三个层次：

第一层次：听者无视说话者的说话，对于他们来说，自己说话要比听人说话更加重要。这种层次的倾听往往会导致彼此沟通不顺畅、关系不和谐，甚至会出现决策失误。

第二层次：听者仅仅注重对于说话者字词意义的理解，而不注意观察说话者的语调、体态语言等，这会导致听者片面理解，甚至完全曲解说话者的真正意图。

第三层次：一位优秀的倾听者在注意说话者字词的同时，也会注意说话者语调、体态语言等方面的细节，而且善于寻找自己感兴趣或者有用的部分。这种人往往可以做到感同身受，他们能够设身处地地看待事情，对于说话的人也不急于做出判断，而是在合适的时候询问。

倾听的三层次，正是一个人沟通能力、交流效率不断提升的过程。那么有哪些办法来提升我们倾听的效果呢？

首先，在与人交流的时候，我们应该先为对方考虑，鼓励对方多说自己的想法，不要有随时反驳的意识或者习惯。

其次，当别人说话的时候，我们要善于捕捉有用信息，千万不可随意打断别人的说话。

再次，当确有疑问的时候，也要等对方表述完整之后，再适时提出自己的问题，或者按照自己的理解说出来，反问对方是不是这个意思。

最后，虽然我们不一定能够同意对方的观点，但必须尊重对方的想法，可以在对方表述完毕之后再提出自己的看法和意见，然后用商量的语气与对方探讨。

在现在快节奏的社会环境中，倾听更能表现出一个人的修养。在压力越来越大的职场中，更多的人越来越选择沉默，这对于自己的身体健康和职业发展都是不利的。如果你不想说话，那么不妨学学如何倾听别人，因为在倾听别人的时候，你不仅能够获得别人的信任，还可以找到一些共鸣。

12. 禁忌话题莫要提

> 每座房子都在某个角落藏着难言之隐。
> ——萨克雷

职场如战场,如何与领导、同事相处是一门学问,我们必须注意自己的言行。有些话题是职场的禁忌,想要得到领导的赏识、同事的支持,就千万不要触及。

小张和小王是同一部门的员工,由于前任领导刚刚调走,公司打算从他二人中选择一个担任部门经理。相对来说,不论是业绩还是技能,小张都更胜一筹,一些同事暗地里也都默认了他的领导地位,所以小张就自我感觉良好,经常在公共场合说"我要是当了领导,我就这样这样做""有一个大公司打算挖我,工资是现在的两倍"之类的话。时间长了,自然就传到了领导的耳朵里,最后,领导决定任命小王为部门领导,将小张调到了另一个可有可无的岗位。没过多久,郁闷的小张最终选择了辞职,不过他到最后还是想不明白这是为什么。

明眼人一眼就看出来小张犯了职场忌讳,那么有哪些话题是我们不能在办公室里聊的呢?

(1)切勿相互打听彼此的薪水问题。每个老板在用人方面都有自己的想法,不同员工之间肯定会有很多差别,为了保证公司的稳定,很多公司的领导都不喜欢员工之间相互打听工资。所以,要想在一间公司长期做下去,最好不要打听别人的薪水问题,因为你这么做,不仅会让同事很反感,而且还会传到领导的耳朵里去。正确做法是踏踏实实做好自己的工作,你的表现老板都会看在眼里,自然就会给你一份与你能力相匹配的工资。

(2)切勿谈论公司的是非问题。没有一家公司是十全十美的,即使再成熟的企业也会有各种各样的问题，但是公司的企业文化、规章制度都是在千锤百炼中形成的，是在某一时期符合公司发展的，所以有时候你的谈论有可能并不符合公司的实际情况。如果你发现了公司的某些问题，不妨选择合适的机会和方式，直接与领导沟通，这样反而会让领导更加赏识你。再者说，公司同事之间其实都存在竞争关系，如果你口无遮拦随便瞎说，极有可能成为别人的把柄，往往后悔莫及。

（3）如果你不确定辞职，切勿在公司谈论你的远大理想或者抱负。肆无忌惮地在公司谈论自己的理想抱负，会让领导以及其他同事对你的职业操守产生怀疑。如果你想实现自己的远大理想，不妨低调一点，用你的行动去证明，这样是保护自己最有效的方法，同时也是你成功的唯一途径。

（4）不要在公司谈论自己以及家庭等私人话题，尤其是有关于家庭财产方面的。试想一下如果你在公司显摆自己上周买了新房子、前不久又换了一辆新车、年假的时候打算带着一家人到欧洲旅游，你的同事会是什么感受？也许你并非炫耀，就是想说一个事实，但是极有可能让某些人嫉妒，容易招别人算计。所以，与其如此，不如干脆不说。我们时刻都要记得，脚踏实地做好自己的工作才是我们在职场的正经事。

除此之外，还有两类话题是需要我们特别注意的：一类是宗教信仰问题；另一类是政治信仰问题。每个人都有选择自己宗教信仰和政治信仰的自由，但这是相当私人的事情。为了避免造成不必要的误会，在办公室千万不要谈论这类话题。

13. 张扬个性要适度

> 只有在集体中，个性才能得到高度的觉醒和完善。
>
> ——巴比塞

春秋战国之后，吴国一座山上有一只特别聪明的猴子，它喜欢处处表现自己。一天，吴王乘船经过，原来聚在一起的猴子看见了，立即一哄而散，跑到深山老林里去了。不过这只猴子想在吴王面前摆弄，只见它在树上来回翻腾，不时发出各种高兴的声音。这让吴王更不高兴，就拉弓射它，没想到它轻松躲了过去，不过它丝毫没有意识到危险，继续卖弄。这下可惹怒了吴王，命令左右弓箭手一起开弓。猴子无处逃脱，活活被射死了。

这时，吴王对随从说："这只猴子炫耀自己的聪明，还不知悔改，以致丢了性命，这完全是它咎由自取。"这只猴子一味表现自己，渴望张扬自己的个性，最后搭上了自己的性命，这对于处在职场当中的我们是很有教育意义的。在职场中，如果我们过分张扬自己而不懂得收敛，渴望无拘无束而视公司规章制度如儿戏，最终的结果只能是断送自己的前途。

蔷薇是一名90后大学生，时尚前卫，个性张扬，热爱无拘无束的生活。大学毕业之后，她得到一家大型外资企业面试的机会。面试当天，她穿着吊带衫、超短裙、十几厘米的高跟鞋，头发染得五颜六色，这直接让面试官目瞪口呆。

因为她的专业水平确实不错，面试官打算再给她一次机会，于是说："小姐，你的各方面条件都很不错，我们也的确想与你合作。不过，我们公司对着装有些要求，所以我希望你上班的时候，能够稍微注意一下！"

蔷薇倒是心直口快，直接打断面试官的话，说："我觉得我的能力和穿着打扮没关系，而且我觉得我这样穿最舒服。"

听了这话，面试官的脸色变得难看起来，冷冰冰地说："那只能请小姐另谋高就了。"

不懂收敛自己的个性让蔷薇失去了一个难得的机会。诚然，就像蔷薇说的，张扬自己的个性会比收敛个性要容易得多，然而当这种张扬变成了一种放纵，那么必然会给我们的职业生涯带来影响，对我们的职业前途没有任何好处。

为了收敛个性，我们可以从以下四个方面着手：

（1）我们首先要在姿态上保持低调。不论是在职场，还是在商场，低调谦卑的人都能赢得别人的尊重，不仅能使自己始终处于有利的位置，而且还能修炼我们强大的优良品质。

（2）在行为上，我们也应该保持必要的低调。职场历来都是是非地，在职场中，我们的任务就是踏踏实实完成自己的工作，慢慢提升自己的技能。而如果我们做事过于高调，时不时就张扬卖弄自己，那么必然会成为众矢之的，成为别人打击的对象。

（3）我们还要放平自己的心态。当自己取得一点成绩的时候，要时刻保持冷静，特别要感谢领导和同事的帮助，万不可把所有功劳都揽在自己身上；同样的，当别人取得一点成绩，特别是那些明明不如你的人取得成绩的时候，我们应该用最真诚的方式去祝贺别人，切记不能抱怨公司不公，抱怨自己没有得到应有的尊重。

（4）在言语上，我们也要低调。有些人总喜欢在言语上胜过别人，好像这样子就很成功一样，殊不知恰恰相反，这样的人往往不会有良好的人际关系。要想与领导保持融洽的关系、与同事打成一片，我们就要时刻注意自己的言行。

每个人都有自己的个性，事实上正是因为我们彰显了自己的个性，才让这个社会绚烂多姿。但是我们必须知道，彰显个性并不是为所欲为，不是损害别人的利益，更多的时候，我们只有懂得约束自己的个性，才能取得成功。

情商测试题（6）

1. 职场中的人际关系非常重要，职员的情商高低决定了他能否处理好人际关系，下题是通过员工的日常工作来测情商。

马莉，在一家规模很大的金融公司工作。一天老板起草了一份两页纸的计划书。可是马莉认为这个计划很有可能增加成本或者会引起客户和员工的不满，不切实际，而且无法实施。你觉得马莉会怎样处理这件事情呢？

A. 第二天早上，去老板的办公室，告诉他这个计划书不切实际，无法执行。

B. 采取迂回的方式告诉老板自己对于计划书的看法，最终的决策还是由老板做。

C. 暂时抛开自己的想法，按照老板的计划书执行，等到出现问题后再提出自己的想法和建议。

测试结果：

A. 你的职场成熟度看来不是很高啊！你的举动在一开始就让老板有了防备之心。实际上，还会让老板感觉到你似乎不够资格管理这一切。给你的职场小建议是：当你对老板的决定有不同意见时，不要直接说出你不同意老板的意见，要知道你的这种表现会让老板觉得你在质疑他的权威，本来你是好心建议，最后反而会让自己处于很尴尬的地位。

B. 看来你已经是职场"大虾"了。你非常懂得用婉转的方式向你的上司去阐述你的观点。你深知如何在照顾老板面子和实现自我价值上取得完美的平衡。相信你的职业道路也会走得比其他人都要轻松、顺畅。

C. 你已经在职场中有所历练了，但是，这样的做法不是最好的选择。要知道，老板不喜欢那些当面质疑他权威的人，但是也同样不喜欢自己的下属老是以一副"事后诸葛亮"的形象出现。如果真的有更好的想法，建议你在仔细想清楚以后，用一种婉转的方式向老板提出来。这样不仅照顾及了老板的面子，还让自己的想法得以实现，更好的是，会让老板觉得你确实是在为公司的利益考虑，相信以后也会更加重用你的。

2. 一些日常生活中的琐事，看起来无关紧要，可它往往会给你带来许多麻烦，甚至会影响你的寿命，请做下列试题，自测一下。假如题中所出现的情况对你来说尚未发生过，则按你将来会处理那些问题时的方法去选择：

（1）生日、结婚、纪念日等，这些看来你不可避免地要花钱时：

A. 告诉对方不要通知自己这些事，这样便可以不买礼物了。

B. 只送礼物给那些被你认为是重要的人。

C. 经常收集一些小的或比较奇特的礼物来应付这些情况。

（2）你和别人发生矛盾或纠纷，不得不去法庭诉讼时：

A. 对去法庭的焦虑和不安使你失眠了。

B. 暂时把它忘却，到出庭时再设法去应付。

C. 这是人生中难免要发生的事件之一，并不怎么重要。

（3）你房间里的家具被水管漏水损坏时：

A. 你非常不快，不断地抱怨着。

B. 你想借此不交房租，并写了批评信。

C. 你自己擦洗、修理，使家具复原。

（4）你和邻居发生了争执，而毫无结果时：

A. 靠喝酒来解闷和把它忘了。

B. 请来律师，讨论怎样诉讼。

C. 出外散步，来平息你的愤怒。

（5）生活中的各种压力使你和爱人变得易怒时：

A. 你想尽量不钻牛角尖，设法避免引起争吵。

B. 设法向第三者倾诉自己的感情。

C. 坚持和爱人一起讨论，研究解决的办法。

（6）一位好友将要结婚，依你看，他们的结合将会是痛苦的：

A. 设法使自己认为还有时间会改变计划。

B. 不必着急，因为还有时间会改变计划的。

C. 认真地给那位朋友进行解释，耐心地阐述你的观点。

分数为15分以下：你面临问题时，不要让你的想象力冲昏头脑。想象力太丰富，导致情商偏低。

分数为15~25：情商中等，你处理问题稍有点迟疑，不要做出那些会使你以后为难的决定，从一开始就要面对现实。

分数为25分以上：情商较高，你处理问题的能力很强，做出的决定是从实际情况出发的。

第七章

高情商的领导艺术

1. 良好的沟通是解决问题的好办法

> 推心置腹的谈话就是心灵的展示。
>
> ——温·卡维林

一个懂得沟通艺术的领导才会是一个好领导，不注意与下属交流的领导永远不可能取得下属的信任，也不可能有效地解决问题、整合部门的力量，最终也只是单打独斗，形成不了强大的战斗力。

王勤是某公司的总经理，每天都有很多事务要处理。为了提高工作效率，王勤都是通过电子邮件或是电话与下属沟通工作，同时王勤也要求员工以同样的方式向他汇报和请示工作。王勤认为工作结果很重要，过程不重要，所以觉得与员工面对面沟通会降低工作效率。王勤这种管理方式导致了一个大工程项目招标失败。因为下属在电话向他请示工作的时候，王勤没有给员工明确的答复，而下属却误以为他默认了参与招标活动，最终因准备不充分而失败了。这次招标失败，让他意识到了不与员工沟通的管理模式是错误的，在以后的工作中开始重视与下属进行沟通交流，这样不仅赢得了员工的尊重，而且也提高了工作效率。

所以，与员工沟通非常重要，沟通效果的好坏会直接给工作带来影响。因此，我们要积极主动地与下属进行交流，这才是一个好领导应该有的表现。

经常找下属聊天。彼此开诚布公地聊天是一种最直接、有效的沟通方式。经常与下属聊天，能及时了解下属的想法，还能知道他们存在的问题以及对一些问题的看法；经常与下属沟通，会让你的下属更加信任你，他们往往也会和你说一些推心置腹的话，会觉得自己受到重视，更愿意为他们现在的工作努力奋斗。

给下属下的指令一定要清晰准确。很多领导为了显示自己的权威，在交流中往往会长篇大论，结果忽略了沟通的目的。作为领导，要给你的下属下达清晰明确的指令，才能够让你的下属更加容易明白你的意图，他们执行起来才能有的放矢。

尊重下属。很多领导经常会犯这样的错误，他们觉得自己是领导，就有权力去指使员工，这种想法是很危险的。一定不能因为职务的不同，你就有高人一等的想法，无论什么时候，你都要平等地对待每一个人，包括你的下属。你不尊重他们，他们也不会去尊重你，这是显而易见的事情，那么你再想去开展工作，无疑就会变得很困难。

及时肯定员工的进步。每个人都喜欢别人的称赞，而来自领导的称赞往往更能让员工得到满足。要相信下属的潜力，善于发现下属的优点。对于员工的每一点进步，你都不要吝啬你的称赞。称赞有时候并不需要你的长篇大论，也不需要很多的物质奖励，仅仅一句暖心的话就会让他们非常感动。

批评要注意方式方法。批评时要对事不对人，不能因为下属的一个错误就彻底否定了这个人，这绝不是一个聪明的做法。在批评中也不可翻旧账，过去的就过去了，要知道批评的目的是为了解决问题。尽量不要在公共场合批评下属，在大庭广众之下进行批评教育，有时候会起到相反的作用，即使下属承认了错误，你也会给他留下不好的印象。所以，领导要选择合适的时机、地点，当面说清，这样下属才更乐意接受你的批评。

沟通是拉近领导与员工之间距离的纽带，是解决问题的有效方法，所以领导一定要学会与员工进行有效沟通。

2. 什么样的人能成为优秀的领导

> 我更害怕由1只狮子领导的100只羊，而不是由1只羊领导的100只狮子。
>
> ——塔列朗

在职场中，有一个好领导是非常重要的，优秀的领导不仅可以为员工指明方向，而且能够以身作则带领员工一起奋斗。那么什么样的人能成为优秀的领导呢？

懂得做人的人，品德高尚是成功之本。会做人，别人喜欢你，愿意和你合作，才容易成事。怎么让别人喜欢你呢？优秀的领导者都能真诚地欣赏他人的优点，对人诚实、正直、公正、宽容和富有亲和力，对客户和员工的生活、工作表示深切的关心与兴趣。在人际交往中，奉行"己所不欲，勿施于人"的原则，要"克己"，即抑制自己的欲望，不以自我为核心，能设身处地为别人着想。道德上的完善不仅可以帮助一个人成为合格的领导者，同时也是一种最有效的领导方式。

相信自己。每个成功的领导都有很强的自信心，对自己解决问题的能力抱有信心；对事业发展抱有自信等。强大的自信心是创造和拥有财富的源泉。它能够激发潜意识，释放出无穷的热情、精力和智慧，进而帮助其获得巨大的财富与事业上的成就。

善于决策。决策是领导行使权力的主要表现形式，决策权是所有权力的核心，领导的主要职责就是决策。一个好的领导往往能做到多听、善听、集思广益与敢拿主意、大胆决策的统一。领导者的价值在于能凝聚集体智慧，同时能帮助员工把工作做正确，把决策落实。

知人善任。优秀的领导善于发现人才，选一个适合的人，比选一个优秀的人来得重要。除了专业所必备的基本素质和能力之外，成功的领导一般通过四个方面发现人才：一是要忠诚，对待领导和工作能尽心尽力，在考虑个人利益的同时，能首先考虑到集体的利益，能够在个人利益和集体利益之间找到平衡；二是必须精力充沛；三是要有悟性和睿智，对事物具有分析、理解和远见卓识的能力；四是要有执行力，能够把领导的构想和决策圆满地付诸实施。

不断创新。当今世界正面临着一个非常严峻的现实：如果你止步不前，你就会失去自己的立足之地。这一点对于任何人都是同样的道理，领导也不例外。如果你满足于现状，你就丧失了创新能力，而创新是人类发展的主要源泉。

目标明确。世界级企管大师班尼士曾经说过："创造一个令下属追求的前景和目标，将它转化为大家的行动，并完成或达到所追求的前景和目标。"一个比较完美的领导者会为企业建立目标，并使全体员工为之奋斗，为之奉献，而不是简单地服从或投入。要使员工能奉献于企业共同的愿景，就必须使目标深植于每一个员工的心中，必须和每一个员工信守的价值观相一致，否则，不可能激发这种热情。

具有架构关系的能力。一个好的领导能够架构关系，能营造自己良好的人际氛围。对外，能够解决客户的问题，始终站在客户的立场上为客户的切身利益着想，最终与客户建立和谐的关系；对内，能够平等地对待每一位员工，不摆领导的架子，尊重员工，经常与下属沟通，从工作和生活上真诚地关心每一个人，赢得员工的信任，从而为共同的事业努力奋斗。

所以，我认为能够做到以上几点的人，基本上具备了一个做优秀领导者的资格了。当然，也不能仅仅局限于这几点，还需要不断探索，才可以帮助自己成为真正优秀的领导者。

3. 平易近人，成为下属的朋友

> 平易近人，人心归之。
>
> ——白居易

梁易是某公司的总经理，公司员工对他的评价是：平易近人，没有一点领导的架子。前几天，公司新来的一位员工去给梁总送材料，一进门梁总就叫出了新员工的名字，并亲切地与新进员工交谈。梁总经常会到员工的办公室来与员工沟通交流，不仅关心员工的工作状况，而且还很关心员工的生活情况。如果哪位员工遇到了困难，他都会及时伸出援助之手。遇到这么好的领导，员工们只有通过努力工作才能表达对他的感激之情，所以公司在梁总的领导下凝聚力很强，工作效率也很高。

可见，平易近人的领导更能收获员工的真心。

平易近人，首先要记住下属的名字。每个人都很重视自己的名字，如果记住了别人的名字，那么他人就会感受到你对他的尊重。假如你见过下属一次后，在下次见面的时候，能够准确地叫出他的名字，这会让下属很感动，觉得自己被领导重视了，就会加倍努力地工作回报领导。记住员工的名字，是领导拉近与员工之间关系的有效途径。

平易近人的领导经常会找员工聊天。这里的聊天不仅仅指的是聊工作上的事，也可以与员工交流一些生活上的事情。领导经常与下属沟通工作上的问题，可以及时了解下属的想法，还可以知道他们在工作上存在的问题以及他们对某些问题的看法，便于领导及时调整工作进程，提高工作效率。作为领导也要经常关心员工生活上的问题，经常与下属聊聊他们的生活情况，及时帮助他们解决问题，或是分享自己处理生活难题的一些经验。这样做，可以使下属更加信任你，更加愿意为自己的工作努力奋斗。

平易近人的领导在批评员工时会注意方式方法。员工犯错也是不可避免的，领导在下属犯错时，要尽量选择恰当的方式方法，不要伤了员工的自尊心，要以鼓励为主、批评为辅的方式对员工提出批评。批评是为了让下属进步，所以尽量避免用一些严重的词汇，也不要说一些粗鄙的话。你应该在批评的同时，给你的下属更多的鼓励，这样让他既能明白你的用意，同样也更容易接受自己的错误，并且主动改正。

平易近人的领导会尊重员工。领导要把下属放在和自己平等的位置。很多领导会觉得自己是领导，员工为自己做任何事情都是理所当然的。这种想法是非常危险的，会使领导与下属产生隔阂。作为领导，要平等地对待每一位员工，你对他们的尊重同样会换来他们对你的尊重。

平易近人，是领导走向成功的垫脚石。

4. 构建自己的团队是个技术活

> 如果我用个人的能力，可以赚一个亿，可能100%是我的；但我用十个人的时候，我们可能赚到十个亿，可能我只有10%，我同样是一个亿，但我们的事业变大了。
>
> —— 张近东

为了企业能够适应迅速变化的市场环境，领导需要员工有更高的忠诚度和责任感，员工也需要领导给予更大的信任，对企业领导而言，组建和塑造优秀团队已经成为企业参与竞争的有力武器。

汤盛平是一家保险公司的销售冠军，于是他被任命为公司在一个代理机构的负责人。三个月过去了，他所在团队的业绩是公司里最低的。原来，他采取的领导方法仅仅是自己在销售工作时所采用的高压推进策略，这种策略使他的销售团队士气低落。他不会跟下属一起设定符合现实的目标，而是单方面设定并强调他们应该达到的目标，从而导致团队工作效率低。但幸运的是，后来汤盛平认识到了自己的问题，他发现建设一个高效团队至关重要，所以在接下来的工作中他注意与团队成员沟通交流，不再单独决策，一段时间后，他的团队业绩很快从最低水平跃居最高水平。

由此可见，构建一个效率高的团队是一个技术活，只有打造一个强大的团队才可以提高工作绩效。

一个团队需要队员之间彼此信任。每个队员都要很好地意识到团队特性和团队效能，只有具备了这些条件，合作的结果才能有效。团队工作具有两个特点——紧密的关联性和相互依赖性，要想有效地完成团队工作，就必须提高整个团队的情商。假如合作能够顺利进行，就可以取得加倍的效果，否则就会出现效率低的现象。领导要建立起团队成员之间的信任关系，就要加强彼此之间的沟通与交流，善于听取队员的意见，尊重队员，这样才能够打下彼此信任的基础，一起为共同的工作努力奋斗。

领导要有合作意识。一位哲人曾经说过：一个不肯帮助别人的人，他必然会在有生之年遭遇到大困难，并且大大伤害到其他人。合作的本质就是人人为我，我为人人，所以领导在团队中要主动去帮助队员，因为你的付出和帮助能够换来其他成员对你的帮助。

领导要有协调能力。协调是实现最大效益的根本。如果领导不能够做好协调工作，那么一个团队就是一群分散的个人而不是一个紧密的集体；而当团队成员合力去解决一件事情的时候，所能够收到的效果便会非常好。团队合作是一个企业必不可少的工作方式，领导只有发挥自己最大的作用才能构建起一个强大的团队。

5. 下属犯了错，你该怎么办

> 总盯着下属的失误，是一个领导者的最大失误。
>
> ——莱曼·波特

谁也免不了会犯错误，当员工犯错误时，领导应该如何去批评员工呢？假如批评得太轻，无异于隔靴搔痒，起不到作用；假如批评得过重，有可能适得其反，甚至影响到整个团队的气氛。这种时候，往往是考验领导者情商的最佳时机。那些高情商的领导们，他们批评员工会很适度，既能够达到自己的目的，又不会伤员工的自尊心；而情商较低的领导，通常把握不好批评的尺度，很容易令下属失去对自己的信任和好感。

你是一针见血地指明："你错了！"还是委婉地说："也许你可以这样做……"很明显，前者给人盛气凌人、不可理喻的感觉，员工本来就因失误而心情低落，这时你还往人家伤口上撒盐，结果可想而知。更糟糕的是，有的员工对直接的批评方式很反感，可能根本听不进去你的正确建议，甚至出现逆反心理，所以，有时候应该在批评中加点"糖"。

黎黎是一位漂亮的女秘书，但是在工作中经常会因为粗心而出错。她的上司并没有直接去批评她，而是在一天早上对黎黎说："今天你穿的这身衣服真漂亮，非常适合你这样年轻漂亮的小姐。"黎黎听了之后很是受宠若惊，接着上司又对黎黎说："但请不要骄傲，我相信你的公文处理也能和你一样漂亮。"果然从那天起，黎黎很少在公文上出错了。

大家都知道，并不是所有的批评都能达到批评的目的，批评只有被对方从内心接受之后才能起到作用。这就意味着，尽管批评是有道理的，但并不一定能被对方接受，因为批评和被批评的过程一般不是在心平气和中进行的。其实，人们的心理都差不多，那就是渴望被自己的上司或周围的人尊重，讨厌被人轻视或指责。

所以，领导要公开表扬，私下批评。给员工面子并不难，赞扬和批评要有一定的分寸和场合，既坚持原则，又要讲究灵活性，既坚持真理，还不能得理不饶人，要给员工面子，只有这样，才能够达到批评的效果。

对待员工的小错误不苛责。当员工犯的错误非常小时，领导就不要去苛责员工。因为无关紧要的小事情，不值得去指责，因一些小错误而去指责员工，只会让员工更加反感你。

领导在责备员工之前，要先表扬。员工在接受批评时，会担心批评伤害自己的面子，因此，领导在批评之前要打消下属的这种顾虑，最好的方式就是先表扬后批评，即在肯定成绩的基础上给予适当的批评。

领导应该懂得批评的艺术，这样才能够让下属更容易接受你的意见，从而达到批评的效果。

6. 每个人都有优点，要学会尊重和欣赏下属

<blockquote>
一个老板能犯的最糟糕的错误就是不会夸奖。

——约翰·阿什克罗夫特
</blockquote>

和善地对待每一位员工，并尊重他们。一个公司的总裁说："在你的员工身上投资，并不要预期它会自动带来新的利润，你对他们的期望会使他们做出更多的业绩，而这些业绩才是利润的来源。"这位总裁会跟每一位员工打招呼、微笑，他还说："对待员工应该像对待家人一样。"这位总裁赢得了员工的好感和信任，他的公司在全体员工的共同努力下，取得了很好的业绩。

由此可见，领导对下属的尊重和欣赏可以为他带来很大的影响，因此，上司一定要尊重每一位员工，发现他们的优点，并且不要吝啬你的赞美。

领导要把下属放在与你平等的位置。无论什么时候,作为领导你都要平等地对待每一位员工,这样才能够赢得员工的尊重,方便你开展工作。

领导要适时赞扬员工的优点。作为领导,要善于肯定员工的优秀表现,不要以为你的严厉会赢得员工的信任,适当给予员工赞扬,会大大地激励他们,使他们更加努力工作。每个人都渴望被别人赞美和认可,下属尤其渴望得到上司的认可,领导的肯定和赞美会增加他们对工作的热情和自信心,从而会为工作贡献自己的全部力量。

领导要对员工表现出兴趣。只要你真心表现出对员工的兴趣,你肯定会在短时间内收获员工的尊重。首先你要有热情的态度,要经常与下属接触。不要只待在自己的办公室内,要多出去走动,与员工们交谈,还可以定期举办聚餐,让每个员工都可以与你近距离地谈话,这样员工就有机会说出自己想说的话,你也可以了解到他们的真实想法。

要做一个懂得聆听的领导。聆听是交流手段中最重要的一种,胜于滔滔雄辩,胜于有力的声音,胜于精通多国语言,甚至胜于写作的才能。专注的聆听是领导与员工们成功交流的起点,所以领导要认识到聆听的价值。领导通过倾听可以从员工那里得到有效的意见,这样对自己的决策会起到重要的作用。领导的倾听可以帮助员工充分表达他们的观点,培养他们的能力。没有人能够懂得所有事情,即使你是领导也会有不懂的事情,聆听员工说话是最好的学习方式。

每个人都有自己的优点,都希望别人肯定他们的工作,赞赏他们的智慧和能力。在恰当的时候你的一点认可和鼓励,会使一个员工做得更好。

7. 要有领导的担当

> 责任感以及有效地派任职务是成功企业经营的要素之一。
>
> ——洛德福特

社会学家戴维斯说："放弃了自己对社会的责任,就意味着放弃了自身在这个社会中更好的生存机会。"对于一名领导而言,要担负起应该肩负的责任,领导要有强烈的责任心,才能较好地履行领导职责,完成繁重的工作任务,带领员工为公司奋斗。

凯乐是一家销售公司的主管,近期负责一个项目,下属多次找他要客户具体需求的标准文档,可是凯乐一直借口"忙"而推脱掉;员工又多次找凯乐要公司安装实施的标准流程文件,他也一直敷衍了事。结果合同没有签成,于是凯乐就将全部责任推到员工身上,并怒斥员工:"你们干的什么事情?签订合同,不明确客户的具体需求,又不按照公司流程来进行安装实施,一天到晚就在催别人,让公司上上下下为你们这个客户忙碌着。你们对工作太不负责了!"

作为自己权限范围内的最高负责人,领导必须承担起全部的责任和后果,不能找任何下属来顶替,事实上下属也永远不能代替管理者来承担该由管理者承担的责任。所以,任何一名睿智的领导,都必须学会勇于承担责任。

领导安排工作要目标明、责任清,执行中遇到困难要帮助解决,出现问题要主动承担责任,这样你的员工才会越干越想干、越干越敢干,甚至说跟着这样高素质的领导工作,员工再苦再累也心甘情愿。有些领导遇事总是畏手畏脚、优柔寡断,究其原因就是没有看到别人看不到的事,思路不清,方向不明。企业领导要敢于承担责任,善于团结同志,关键时候要有顶天立地的勇气,才能有人跟着你干。领导要用你个人的人格魅力形成团队的凝聚力，影响整个团队为事业发展而努力工作。

作为企业的领导者，最重要的就是要有责任感。因为对上，老板给予你名利，更赋予你权力，他希望你能独当一面，为他分担发展企业的重任；对下，员工希望你能认真负责地领导他们，创造更高的工作业绩。要知道，你的担子很重，如果你没有责任感，那么你的工作任务就不会保证顺利地完成，老板和员工也不会把"宝"押在你的身上。

不论是不是你的工作范畴，只要是关系到公司的直接利益，你就要毫不犹豫地加以维护，这样的领导才是肯负责任的。所以，要成为一个好的领导，就必须了解一个事实：只有对自己的行为负责，对公司和老板负责，对员工和客户负责，时刻将责任置于高于一切的位置，才是员工心目中有责任感的领导，也是值得老板信赖和欢迎的管理者。

总而言之，在自身权限范围之内，领导就是最大的责任者——无论得失成败，没有任何借口！

8. 情商高的人比智商高的人更适合成为领导

> 情商是最根本的领导力———著名心理学家 丹尼尔。
>
> ——戈尔曼

李开复说过一句话："从我的经验和最近研究结果来看，领导力中最重要的是所谓的情商。据研究，在对个人工作业绩的影响方面，情商的影响力是智商的两倍；在高级管理者中，情商对个人的成败的影响力是智商的九倍。"

在工作中，一个人是表现出色还是表现平平，通常与他们的技能和智商都没有太大关联，直接影响其成就的是这个人的情商水平。通过自己的切身感受，很多叱咤风云的企业家都认识到，对成功者来说情商比智商更能起到关键性的作用。一项研究表明，在领导者中，情商的重要性是90%，智商的重要性仅有10%。

对于一个公司高层管理者来说，所处的位置越高，情商就越重要。因为他的工作中的主要内容，比如怎样进行自我管理、如何为下属营造和谐的团队氛围、怎样处理好自己跟下属的关系等，都是对个人情商的考验，而能否处理好这些问题，则关系到他能不能坐稳自己的位置。所以说一个人是领导者还是被领导者取决于情商，一个人是出色的领导者还是平庸的领导者也是取决于情商。

高情商的领导能够控制好自己的情绪，因为一个人的情绪时时刻刻都在影响着他的决策。领导的情绪会影响员工的效率。要知道，情绪的影响很大，很多时候，员工情绪的源头都掌握在领导手里，是选择赞美员工还是选择默默无闻，是选择适度的批评还是选择毁灭性的打击，是选择满足员工的需求还是选择对员工的需要视而不见，都由领导决定。因此，作为一名领导，应该具备能够时刻传播快乐情绪的高情商，以便营造出好的团队氛围。在心情舒畅的情况下，员工往往能以无限的热情投入工作。乐观的心情有助于提高员工的创造力，提升决策技巧，使工作效率大大提高，使思考变得更加灵活变通，而一个团队要想获得这种情绪，则主要取决于它的情绪之源——领导者的高情商。

领导力是整个企业的灵魂支柱，要想打造一支高情商的团队，必须有一个高情商的团队领导者。衡量一个领导的领导力是否足够强大，只要观察他是否能够做出高质量的决策即可。

作为一位领导者，是否具备高情商，能否为团队营造一种良好的合作氛围，是决定这个团队是否成功的关键因素。所以说，努力提升自己的个人情商是每位优秀领导者需要关注的。

情商测试题（7）

管理者风格测试

【说明】

以下题目每4个一组，在每组的4个题目中，请你选择你认为最符合你的实际想法和做法的打4分，次符合的打3分，较不符合的打2分，最不符合的打1分。

一、安排工作

A组

1. 我对每位员工都解释清楚工作的重要性。
2. 我认为我应该明确地告诉员工我想完成的目标。
3. 我赋予团队充分的自由度，让他们自己制定详细目标。
4. 我倾向于为自己的团队制定目标概要，让他们有的放矢。

B组

5. 员工不理解我的想法。
6. 偶尔布置工作时，我曾被指出过于追求完美。
7. 我总是仔细地告诉员工他们要完成的工作目标及完成的方式。
8. 有时我感到我的团队不知道要做什么。

二、协同工作

A组

9. 我希望我的员工能培养出团队精神。
10. 我告诫我的团队要同其他团队有效合作。
11. 我告诉每位团队成员他们应起的作用是什么。
12. 我鼓励团队定期交流思想。

B组

13. 有时我不能给团队成员足够的自由来让他们互相帮助。

14. 我们浪费太多的时间在没有结果的讨论上。

15. 有时我花了太多时间和个别员工在一起,而与整个团队在一起的时间不足。

16. 有时团队成员忙于不同的工作,使我感觉他们成了乌合之众。

三、坚持联系

A组

17. 我告诉每个员工他们应该知道的信息,并要求他向我反馈信息。

18. 我很愿意为员工提供向我反馈工作进展信息的时间和机会。

19. 我定期向员工告知团队所要进行的工作,所以他们都清楚工作进展。

20. 我很乐意花时间询问我的员工他所从事工作的进展情况。

B组

21. 有时我发现问题太晚了,以至于很被动或无力回天。

22. 我感觉员工不愿意向我提出棘手的问题。

23. 很多情况下我不知道员工对所从事工作的具体想法。

24. 我感觉我努力与团队沟通,仔细聆听,却仍无法获取想要的信息。

四、激励团队

A组

25. 如果我在工作上与员工密切合作,会很大地激发他们的工作热情。

26. 我认为如果我给员工更多的自由度,会更大地激发他们的工作热情。

27. 我鼓励员工积极思考,以此来激励他们。

28. 当讨论工作成绩的时候,我不会绕弯,而是直接告诉员工我的想法。

B组

29. 处理团队事务时,我不会考虑员工是否能受到鼓舞。

30. 如果需要,我会给员工施加压力,让他们出成果。

31. 我偶尔会花大量的时间与员工交流想法。

32. 我认为优秀的员工应该能够自我激励。

五、工作控制

A组

33. 如果员工在工作中的表现不好,希望讨论一下解决问题的办法。

34. 如果与同员工密切合作,有利于保证工作不偏离轨道。

35. 如果情况在朝坏的方向发展,我能够果断地纠正。

36. 我认为保持团队成员和整个团队的高标准严要求是很困难的。

B组

37. 当情况向坏的方向发展时,我只能听之任之。

38. 我不理解为什么员工对自己的工作标准和要求缺乏责任感。

39. 我不愿意给表现拙劣的人提供支持。

40. 我对那些不满意我提出的工作标准和要求的员工感到不满。

六、提供支持

A组

41. 我认为让整个团队知道工作进度计划是很重要的。

42. 让员工感觉到得到了工作的支持,最好的办法是定期讨论工作。

43. 我尽力与员工保持密切联系,这有利于我询问他们工作问题。

44. 我努力让员工感觉到当他需要我帮助的时候,我是可以依赖的。

B组

45. 有时我会花费大量的精力同我的团队成员保持良好关系。

46. 我应该让员工更多地从自身的实践经验学习,而不是寻求过多的支援。

47. 我经常认为也许我疏远了我的团队。

48. 我的团队成员很少和我谈论他们遇到的问题。

测试分值核算

【说明】

请将每题打分的分数按照与题号对应关系填入下表,并计算出纵列总分。纵列总分分值,即对应四种授权类型倾向性分值。

问题	分数	问题	分数	问题	分数	问题	分数
【2】		【1】		【4】		【3】	
【7】		【6】		【5】		【8】	
【11】		【10】		【12】		【9】	
【13】		【15】		【14】		【16】	
【17】		【19】		【20】		【18】	
【23】		【22】		【24】		【21】	
【28】		【25】		【27】		【26】	
【29】		【30】		【31】		【32】	
【35】		【34】		【33】		【36】	
【40】		【39】		【37】		【38】	
【41】		【43】		【42】		【44】	
【48】		【46】		【45】		【47】	
总分		总分		总分		总分	
主导型		教练型		激励型		协调型	

测试结论:

对比四个授权类型中的得分,分数最高的一项,就是相对最习惯和最擅长的授权方式;而分数最低的一项,就是相对最不习惯和最不擅长的授权方式。

测试建议:

每个领导者的管理风格迥异,习惯不同,但是,为了充分发挥效率,你需要培养在不同的环境中、面对不同类型的员工而选择和切换不同的授权方式的能力。

第八章
情商高能增加恋爱成功率

1. 如何谈一场高质量的恋爱

爱情使人心的憧憬升华到至善之境。

——但丁

对于正在恋爱的人而言，都有着对爱情的美好憧憬，每个人都渴望自己的爱情永远停留在情意绵绵的热恋阶段。愿望是美好的，但只有为爱付出的人才能够让愿望照进现实生活，没有细心的经营，就不会收获一场高质量的恋爱。因此，我们为了能够收获幸福的爱情生活，就要勇敢地表达自己的想法和爱。

一个很要好的闺蜜发消息给娇娇，说和男朋友在国外旅行，娇娇看着她朋友圈里幸福的照片，顿时觉得一阵欣慰。她是个优秀的女生，大学时她是学霸、校花，毕业后凭借自己的能力找了一份收入不错的工作。但如此优秀的她，并没有因为自己的好条件"恃宠而骄"，对自己男友也是温柔体贴，时不时还会制造一点属于他们两个人的小浪漫，恋爱五年了，他们的感情一直保持着热恋时的高质量。

由此可见，假如你想收获美好的爱情，就不要吝啬付出你的真心与时间，要勇敢地表达自己的想法。

高质量的恋爱需要增加一点浪漫。假如你每天都埋头于生活琐事或是繁忙的工作之中，你就会慢慢产生厌倦的情绪，这时候如果能在爱情里植入一点点浪漫元素，平淡的生活便会多几分乐趣，爱情也就可以保持热恋时的温度。

控制自己的情绪。虽然在工作或生活中，都会有不顺心的事情，但是在去见恋人的时候，一定不要把自己的消极情绪传染给对方，一定要调整好自己的心态，将自己最好的一面展现给对方，让对方每当想起你们两个人在一起的时光都是开心的。

学会主动让步会让爱情更甜蜜。恋人之间相处的时间久了，难免会出现小矛盾、小摩擦，这时候如果双方都不肯做出让步的话，只会让你们之间的矛盾更加尖锐，但是在遇到分歧时，如果有一方能够主动做出让步，那另一方也会相应地让步，这样就会避免争吵、减少彼此伤害。

恋人之间要多沟通。恋爱的双方要经常进行沟通交流，可以分享各自工作中有趣的事情，谈谈双方都感兴趣的话题，多交流感情，共同创造两个人的新生活，这样才能够使你们的爱情持续保鲜，不会感到疲惫。

主动向对方示好。恋爱中的人，不要总是一副威严不可侵犯的样子，与恋人在一起时毕竟不是在工作，对自己爱的人要表现得热情主动一点，不要太过看重面子。对于你的主动示好，对方会表示感激和喜欢的，同时也加深了彼此之间的感情。

虽然两个人在一起相处久了，彼此之间熟悉得不能再熟悉了，但是，就算是左右手之间也有区别，两个人的思想和感情都会随时间而变化，无论什么时候，我们都不应该忘记关心对方，倾听对方述说，只有用心，才能谈一场高质量的恋爱。

2. 了解对方心理和情感需求

爱情中的欢乐和痛苦是交替出现的。

——乔·拜伦

男人和女人通常都能够知道自己的情感需求，而不会了解对方的情感需求，容易出现这种状况：男人给予他们想要的，女人也给予她们想给的，双方都以为对方的需求与自己相同，结果两人都不满意、不高兴。事实上，他们都给予了爱，但都不是对方想要的，结果两个人都筋疲力尽。因此，男人和女人只要认识到彼此的不同，满足对方的需要，恋爱中的许多问题就会迎刃而解，而不必费力地去苦心经营。

女人需要关心而男人需要信任。女人最需要男人对自己的关心与体贴。当男人关心女人的点点滴滴，感同身受地倾听她的感觉时，她会觉得自己被关心、被爱。她的爱情之门就会慢慢开启。男人关注女人的感受，为她的幸福着想，女人就会感受到爱的力量。她觉得在男人的心目中，她具有沉甸甸的分量。男人满足了她的爱情需求，她对男人也会越发信任，开诚布公，直抒胸臆。女人的坦诚和真情，会让男人不胜欣慰。女人承认他的价值，相信他会为其幸福而竭尽全力。

女人需要理解而男人需要接受。女人希望与人交流，希望别人了解自己，尤其是自己的男友。倾听女人的男人，没有妄下判断，而是充分体谅，这会使女人心存感激。男人可以从女人的倾诉中，搜集尽可能多的信息，了解、体谅她真实的心境。女人渴望理解，男人的倾听让她满足。作为回报，她会更加接受男人，这正是后者梦寐以求的结果。女人充满爱意，会接受男人的本来面目，而非试图改变对方，男人知道自己不必十全十美，却照样可以得到垂青；女人不会对他实施改造，而是相信他可自行努力，获得进步，不断成熟，男人感到他为女人所爱，就更乐意做女人的听众，体谅她的需求，满足她的愿望。

女人需要尊重而男人需要感激。女人感激男人尊重的态度，感激男人将她的想法和感受放在心上，而不是置之不理，感受男人的宽容和体贴。比如，男人记得给女人送花或庆祝结婚纪念日，类似的举动，使女人对爱情需求即男人的重视，得到满足。她重视男人的爱和关怀，由此更加快乐。实际上，只要得到必要的支持，女人就很容易满足。男人得到感激和重视，他的努力没有白费，从而会大受鼓舞，会愿意更多地付出。感激是一剂强心剂，使男人浑身充满力量，产生更大的动力，也更加尊重他的伴侣。

理解伴侣基本的爱情需求，是改善情感关系的一大秘密。既然男人和女人的情感需求不同，那么理解彼此的不同，才能更好地融洽相处。

3. 正确面对感情中出现的危机

> 惧怕爱情就是惧怕生活，而惧怕生活的人就等于半具僵尸。
>
> ——伯·罗素

两个人谈恋爱的时候，不可能总是甜甜蜜蜜的，因为谈恋爱难免会吵架，会有分歧，恋爱中的男女就像一对欢喜冤家，在一起总是矛盾不断，分开了又难免会日夜牵挂，如此分分合合数回，再好的感情都会受影响。因此，我们应该正确面对感情中出现的危机，才能够使爱情长长久久。

我们要找到出现感情危机的原因。到底为什么要吵架，一定要搞清楚，如果有误会也要当面进行解释。情侣有可能是为一些无关紧要的小事情无休止地争吵，一件不符合彼此生活习惯的小事情，可以导致一场争端的爆发，其实很多小争端是很没有必要的。

但不管怎么样，男人要多忍让一些、换位思考，也许问题就解决了。在发生感情危机的时候一定要尽量避免产生正面冲突，保持个人修养很重要，否则的话，你们的情感可能不可挽回。其实，闹别扭的两人不妨放下情绪好好谈一谈，带着脾气沟通肯定解决不了问题，先不要生气，坐下来，好好地谈一谈，就可以避免一场无谓的争吵。

情侣之间吵架是因为什么呢？

有可能因为彼此之间缺少新鲜感而闹矛盾。两个人在一起久了，就容易失去新鲜感。平淡的生活固然是感情好的表现，但是提升彼此之间相处的新鲜感会使彼此的感情更加深厚，也就不太容易出现感情危机了。恋爱中的男女应该时不时地玩点小花样来提升相处的新鲜感，以免厌倦对方。面对情感危机，我们要学会以不变应万变，生气的时候可以回想那些相爱的甜蜜，那些共同面对困难的日子，想办法让自己冷静下来，这才是以不变应万变的方法。

可能是缺少沟通导致危机。可能彼此之间太久没有沟通，只有言语上的表达爱是不够的，要用行动来表达，要用实际行动证明给对方看。我们要在心里明确自己对对方的期望和需求，并从自己的打扮、言语、表情上开始做改变，同时让对方也了解你的需要并感受到你对他的感情，最好面对面地真诚表达，多点沟通，多点交流，讨论彼此对生活的想法甚至是对以后生活的计划，这样都能够增加彼此的感情，让生活变得更有情趣，不要让对方觉得和你生活在一起看不到未来，看不到希望。

只有正确面对感情中的危机，才能够为自己的爱情保驾护航，走得更远。

4. 恋人之间适当保持距离

彼此恋爱，却不要做爱的系链。

——纪伯伦

俗话说："入芝兰之室，久而不闻其香"，人世间再美好的事物，习以为常了，不但不觉得美好，反而会生出厌倦和反感。而"距离产生美"，美是依赖距离的。"一日不见，如隔三秋"，时间的距离会增加美的感觉。"小别胜新婚"，说明夫妻或恋人间保持适当的距离会使感情更深。

叶子和磊恋爱的第一年，叶子恨不得把磊绑到裤腰带上，那时他们几乎每时每刻都要联系，早上起来，叶子睁开眼睛第一件事就是发短信叫磊起床，早饭的时候也不忘发短信嘱咐他好好吃早饭，上班的路上两个人还会随时短信汇报彼此的路线状况。到单位后，有空闲就会聊天，时不时说说工作进展、单位趣闻，下班更是迫不及待地凑到一起，吃饭逛街，就连晚上睡觉，都要在盖好被子之后再打个电话互道晚安。时间久了叶子发现磊有点嫌她"腻"了，有时候还说她烦，没完没了。甚至到了假日，和朋友们聚会也不愿带叶子去。

多信任对方。恋爱中的男女，要对彼此多一些信任。如果你不是足够的相信对方的话，你就会时时刻刻都在想知道对方在做些什么、和谁在一起，然后就想跟着对方，使自己有安全感。这样没有空间的相处模式，对你们的恋爱关系是非常不利的，严重的话还可能导致分手。要多信任对方，不乱猜、乱想，多给彼此留一点空间，才有利于感情的升华。

不断提升自己。倘若在恋爱的过程中，你不懂得提升自己，就很容易过于依赖对方，因为你自己没有足够解决问题的能力，出现问题总会求助对方帮你处理，长此以往，会让对方感到疲惫，从而产生厌烦的情绪。所以，你要不断学习，开阔自己的视野，学会独自处理事情，这样才能保证感情的稳定。

其实，两个人就算再相爱，也还是独立的两个人，应该有各自不同的生活环境和交际范围。恋人们应该学会去调适彼此之间的距离，即不仅要有一个你我相交的"我们"，还要有各自的独立空间。过度的亲密无间，往往会减掉恋人之间的"蜜"度；反之，适度的距离则会增加彼此间的"蜜"度。

5. 对另一半的考验要适当、适度、适时

> 爱得愈深，苛求得愈切，所以爱人之间不可能没有意气的争执。
>
> ——劳伦斯

恋爱的过程中，一些情侣总会怀疑对方的爱是否真心，于是想方设法来

考验对方，以此确认爱的忠诚度。适当、适度、适时的恋爱考验是可以的，但是过于依赖考验结果的话也容易造成不必要的误会，容易导致两人"分道扬镳"。

小洁为了考验男友对自己是否真心，于是就以别的女生的名义接近男友去考验他，结果发现男友根本经不起考验，很容易被诱惑，小洁因为承受不了这样的考验结果，跟男朋友分手了。可是，事后小洁想起以前与男友的点点滴滴都是温馨、甜蜜的回忆，让她很后悔这么考验男友，想要复合，但是男友也因小洁不信任自己而非常生气，所以坚决不同意和好，最终这场闹剧只能以分手告终。

由此可见，恋爱男女考验对方要适当、适度、适时，否则就会造成严重的后果。

对情感忠诚的考验要适度。对爱情的考验，要诚实，不要用谎言去考验对方的忠诚度。情感的忠诚指的是将自己的感受如实告诉对方，不要用试探、谎言去考验对方。假如对什么事感觉不舒服或是担心什么，就坦诚地告诉对方，而不是利用一些欺骗的小伎俩去验证对方的忠诚度，这样只会造成彼此的误会，得不到你预想的考验效果。

考验另一半要克服嫉妒心。不少情侣都有一个误解，那就是嫉妒意味着很爱对方。其实，嫉妒与爱无关，仅仅是一种缺乏自尊和自信的表现。嫉妒是一种具有破坏性的消极情绪，当产生这种情绪的时候就总想知道对方在做些什么，容易疑神疑鬼。殊不知，嫉妒不仅会令恋人疏远自己，还会有损自己的形象、降低自己的自尊。

不要将自己的幸福寄托在对方的身上。一旦需求超过爱，兼容性就会退步，对每个人来说，考验的最终目标应该是给双方带来幸福，而不是难题。

两个人相爱，信任是最重要的东西。如果连基本的信任都没有，爱情也就很难长久。爱情需要忠诚，但更需要信任。所以如果你爱对方，就请一定相信对方，并给对方以自由，千万别去以什么方式考验对方。否则，本该属于你的完美爱情也会离你而去。

6. 步入婚姻的殿堂更要慎重

恋爱不是慈善事业，所以不能慷慨施舍。

——萧伯纳

爱情是浪漫的，有说不完的情话，有甜美的拥吻，有玫瑰与巧克力，然而婚姻是柴米油盐酱醋茶，是锅碗瓢盆的交响曲。在你步入婚姻殿堂之前，你慎重考虑过了吗？

婚姻是什么？"死生契阔，与子相悦；执子之手，与子偕老。"这是我们人类对婚姻追求的最高理想，也是对家庭幸福美满的渴望。但是现实的婚姻并不是我们想象的那么幸福、那么完美，可以这样说，不同的人上演着不同的婚姻，不同的婚姻有不同的感受，不同的感受有不同的滋味。所以在步入婚姻殿堂之前，一定要慎重考虑。

两个人走入婚姻的殿堂需要具备哪些条件呢？

彼此是谈得来的朋友。作为夫妻，最基本的应该是朋友，而且应该是好朋友或知己，除非你们只是纯粹生理意义上的传宗接代型的夫妻，否则连朋友关系都达不到怎么做夫妻？即使勉强做了夫妻也将无法持久。

有共同的人生价值观。物以类聚，朋友间都应该在人生观、世界观和价值观上有基本一致的认识，至少能彼此默认对方的人生观、价值观，否则怎么做朋友？朋友尚且如此，夫妻要长期生活在一起，当然更需要有共同的人生观、价值观。夫妻追求的人生目标和生活目标不一致，对事物的看法存在严重的分歧，婚姻怎么可能进行下去？

彼此能充分了解信任。了解对方是人际交往的基本前提，而要想做夫妻，了解当然是最最基本要做到的。对方的家庭背景、受教育情况、性格脾气、个性特质、生活习惯等，这些都应该充分了解，至少得有基本的了解。了解当然还远不够，在了解之后，你还得接纳你所了解的这些东西，还得充分信任对方，没有信任就没有交往，夫妻也是如此。

遇事彼此容易沟通。人与人之间当然难免会出现一些问题和矛盾，夫妻当然也一样，而且因为天天在一起，发生摩擦冲突的可能性更大。有矛盾不可怕，可怕的是彼此无法沟通而让矛盾发展激化到不可收拾的地步，所以做夫妻的一个重要且基本的要件就是遇事彼此容易沟通。

有基本的物质条件做基础。适合谈恋爱并不等于适合结为夫妻，因为婚姻除了浪漫，更多的是柴米油盐酱醋茶的现实生活，没有一定的物质条件做基础，婚姻生活不可能进行下去。

两个人走到一起需要很多的条件，婚姻不是商品，不合适就换或者丢掉，那样就脱离了婚姻的本质。所以，对待婚姻一定要慎重，考虑全面之后再做决定。

7. 失恋不是世界末日，没什么大不了的

既然失恋，就必须死心，断线而去的风筝是不可能追回来的。

——巴尔扎克

恋爱的人最怕失恋，失恋的痛苦犹如刀割，让人困苦不堪，失恋的人就像是失去了灵魂，失去了生活的意义，失去了再爱的能力。其实，失恋并没有什么大不了，只要能够忘记失恋带来的痛苦，那么我们依然能够寻找到下一个爱情目标。

有人在恋爱就有人在失恋。失恋没什么大不了的，做到以下四点，就可以勇敢忘记失去了的恋情。

（1）允许自己痛苦。失恋，每个人都会很痛苦，这时该怎么办呢？首先

请接纳失恋的痛苦吧,用任何合理的方式去宣泄内心的苦闷、痛苦和落空,你可以大声哭泣,找陌生人或值得信任的人倾诉,可以狠狠购物,可以暴吃零食,可以从内心大声骂那个他,等等,让痛苦情绪尽情地宣泄出来吧。

(2)倾吐沟通。失恋最怕自我退缩、封闭,将自己禁锢在悲伤孤单的城堡。找人说、自己写,网上与网友倾诉心声,情绪要有出口,不然会决堤。不要因为怕说了更惹伤心或"心丑不可外扬",怕别人笑话,干脆封口,殊不知说出来就是一种治疗,能说代表心理上已经可以坦然面对。

(3)学习重塑自我。在失恋情绪平复以后,就要重新树立对恋爱的认识。为了准备开始新的恋爱,很多消极、悲观的不合理想法,要在这个阶段化解掉。情绪逐渐平复以后,可以开始用理智来思考问题,重新看待这段感情,同时认识自己的不足,总结经验,自我完善。

(4)转移注意力。刚失恋的人总是不习惯,但既然你们已经分开了就要学会面对现实,告诉自己:这个世上不会因为少了谁就停止转动。

治疗失恋,万变不离其宗,归结为一句话就是,爱情并非人生的全部,当然爱情中某一段恋情就更不是了。弄清楚这一点,无论是恋爱还是分手,你都能坦然接受。

8. 适当的争吵有利于感情的升华

> 爱情不仅会占领开旷坦阔的胸怀,有时也能闯入壁垒森严的心灵。
>
> ——培根

许多情侣害怕吵架,怕翻了脸会破坏了关系,因此,许多情侣采取能忍就忍的策略,不过一旦忍无可忍,就会如山洪暴发,一发不可收拾,于是吵架就真的带来了恶果，我们就更视吵架为洪水猛兽。事实上，吵架不只是恋爱里的便饭，更是增进关系的契机，因为在吵架、冲突时，潜藏的问题会浮上台面，吵架让我们有机会重新思考二人的关系，帮助我们更加认识自己，了解对方。

最好不要哭。吵架不是纯粹的情绪对抗，哭会让情绪影响决策。吵完之后，开个玩笑、送个小礼物都是化解之道。

接受对方的小缺点。对方喜欢乱丢袜子、吃东西发出声响等小缺点，你如果爱他就要试着接受，不要过分放大对方的小缺点，更不要总是因此唠叨不停。

不回应对方的咆哮。坚持立场，但不必大声咆哮，如果你的伴侣习惯用叫嚣表达情绪，你一定要保持平静。有些情侣约法三章，当一方发现自己快失控的时候，自动离开现场，等情绪冷静之后再回来好好谈。

不寻求帮腔。许多女性一旦和男朋友吵架，最常做的事就是找人诉苦。你的朋友家人大多会站在你这边帮助批评另一方，但这无疑是火上浇油。你们之间的问题不要过多向别人透露，自行解决是最好的办法。

少说抱怨批评的话。争吵是一种沟通，但要避免使用一些攻击或批评的字眼。与其抱怨"东西弄得这么乱，你从来不整理"，不如说"我希望我们一起学习如何保持整洁"。

站在对方的角度思考。不要一味地追究谁对谁错，换个角度认识事情的多面性，虽然不易，却能为问题解决提供更多的可能。学会换位思考，学会互相妥协，学会求同存异，聆听不一样的声音，明白并不是所有问题都要打破砂锅，时间会将那些无关痛痒的问题筛去。重要的是，学会将自己放在爱人的处境中思考，因为"当局者迷，旁观者清"，你有时需要从一个局外人的角度来进行思考。

用爱人的视角去看问题是解决争端的关键。试着从爱人的立场出发向朋友解释争执的来龙去脉是培养情侣间互相体谅之心的好方法，或者也可以尝试坐下来互相静心聆听对方的想法，然后给予反馈。沟通的目的就是更好地理解对方的立场,而不是得出结论,比出输赢。

情侣吵架不一定是坏事,学会吵架的艺术,不仅能够解决问题,还能增进感情。

情商测试题(8)

(1)每个人都有追求爱情的权利,但真爱到底在哪里,寻觅的过程中又会遇到哪些麻烦,这些问题对于还没有得到爱情的人来说,似乎一切都是未知的。如果你也在寻觅爱情的道路上,你知道自己的手段有多高超吗?

测试题:下面哪种唇色是你喜欢的颜色?

A. 裸色

B. 复古红

C. 亮橙色

D. 玫红色

选好后看下面的答案。

A. 你不知道该怎样寻觅属于自己的爱。

想摆脱单身的身份,你最多会求助于朋友、亲属,希望他们能给你介绍一个条件优秀的异性,希望他们能给你牵线搭桥,为你带来一段完美的恋情。可是要知道,感情的事,你自己才是主动因素。等别人为你找到属于你的爱,别人的帮助对你来说不过是杯水车薪罢了。

B. 你寻觅恋情的手段太庸俗了。

单身太久,为了摆脱单身,你可能会想到一些俗套的招数,比如参加联谊会,登征婚启事……这些手段可能会帮你找到一个恋人,但恋爱的质量未必会很高。你想想,要通过这么庸俗的办法寻找恋情的人,头脑会有多活络,思想会有多特别呢?

C. 你会用广撒网的方式寻觅恋情，手段还算高明。

只要能都摆脱单身的身份，不管什么手段，你都会试试。相亲，参加联谊活动，请朋友帮忙介绍……总之，能试的办法，你都会去尝试，但有些方法的确有点冒险，比如去跟网友见面之类。好在你很聪明，懂得如何判断谁才是适合你的人，你会找到属于自己的真爱的。

D. 你寻觅恋情的方式不大靠谱，手段却很高明。

如何摆脱单身身份，你想到的方法很特别，比如利用微信交友，比如利用电视相亲节目让更多异性了解自己，认识自己……这些方法在常人看来可能不够靠谱，但你却知道怎样能让自己实现自己的目的。你一定能获得属于自己的幸福。

（2）当一个人爱到深处的时候，就会彼此依赖，彼此之间成为一种习惯，如果某一天两个习惯的人分开了，对对方都是有伤害的，失恋会带给人痛苦、孤独。你是一个性情中人吗？测一测吧！看看失恋时的你，会是怎样的。

测试题：第一次约会，总要挑个吉利日出门。再戴个幸运符来提升恋爱运气。凭你的直觉，你觉得哪一个地方最有助于你的恋情发展呢？

A. 百货商场

B. 动物园

C. 电影院

D. 咖啡馆

选好后看下面的答案。

A. 你知道感情是不能勉强的，如果两人的缘分已尽，你也能泰然处之，大方地和对方说拜拜，并给予祝福。每一次的恋爱，在你看来都是一次修行，可以从中体会爱情的真谛并学习爱情的方式。对爱情有如此正面想法的你，道行当然是很高的了。

B. 你非常容易被爱情伤得很重，因为你是个重感情的人，总是将全部的心思都花在对方身上，如果失恋你马上会不知所措，顿失人生方向。你不单会为爱情所困，更会将自己锁在门内，要疗伤好久好久，才能慢慢复原。

C. 爱情是你的猎物之一，错过了眼前的这个，你的眼角马上就瞥见不远处还有另一个新猎物，心境可以转换得很快，恋爱对象也能换得又快又干脆。你不会把碰钉子这种事看得太严重，反正天涯何处无芳草，何必单恋一枝花，这是你的哲学。

D. 你很尊重对方的意见，可是如果爱情走到了尽头，你会非常的不舍，时时刻刻还牵念着与爱人相关的一切记忆。即使经过一段时间后，生活渐渐恢复正常，其实在你的内心深处，还是希望能有破镜重圆的机会。

第九章

婚姻中的情商训练

1. 共同经营家庭，再多付出也是幸福

> 幸福越与人共享，它的价值越增加。
>
> ——森村诚一

在"2014国际家庭日中国行动——聚焦城镇化与中国家庭幸福"论坛上，国家卫计委和中国人口福利基金会共同发布了一个报告，里面有这样一段话：不论城市还是农村，都认识到"夫妻和睦""家人身体健康""儿女懂事""长辈通情达理"以及"家人团聚的时间多"是影响家庭幸福最重要的五个因素，这表明家庭成员的关系是否和睦对于每位家庭成员的幸福感影响是相同的，一个家庭如果想要幸福，需要每个人共同经营。

然而，有人说，婚姻是爱情的坟墓，原本相爱的两个人伴随着生活的琐碎、生活压力的加大、家庭成员之间的矛盾，不可避免地就会产生各种各样的矛盾和摩擦，一言不合就争吵，更有甚者，张嘴闭嘴都是离婚。等到真的离婚了，才后悔莫及。

婚姻是两个人的事情，夫妻之间只有相互依偎，相濡以沫，才能让艰辛的生活散发出幸福的味道。

经营幸福的家庭，必须有责任意识，家庭成员之间必须有担当。婚姻是双方相互承诺的结果，是彼此搀扶坚守一辈子的勇气，对家庭的担当和责任，是夫妻二人必须面对的。在家庭生活中，夫妻二人共同用坚实的臂膀为每一位成员搭建一处安全温馨幸福的港湾。作为父母，我们要抚养照顾自己

的孩子；身为子女，我们要赡养尊敬父母；夫妻之间，也要相互鼓励理解，和睦相处。

经营幸福的家庭，我们必须树立和传承良好的家庭文化。要想树立良好的家庭美德，需要每位成员的努力。不管老幼，家庭成员之间都要相互尊重、理解和支持，共同营造温馨和睦的家庭氛围，长此以往，就会形成具有家庭特色的家庭文化。

经营幸福的家庭，我们还必须创造良好的生活环境。家庭作为最基层的社会组织，不可避免地要与外界产生联系，这其中最普遍的应该是左邻右舍了。老话说得好：远亲不如近邻，邻里和睦相处，小家庭自然也会受到影响。

幸福的家庭是社会和谐的基础，需要每一位成员共同努力。只有在夫妻共同经营下，家庭才能徜徉在幸福的海洋里，家庭成员之间的爱才能源源不断，美好生活才能款款而来。

2. 夫妻之间也要学会相互尊重

> 幸福的婚姻不仅需要思想交流，也要有感情交流，把感情关在自己心里，也就把妻子推到自己的生活之外了。
>
> ——奥斯汀

春秋战国时候，晋国有个官员叫作郤缺，受别人牵连，被贬为庶民。郤缺夫妻二人回到老家，粗茶淡饭，男耕女织，倒也自得其乐。有一次，一个大臣路过郤缺的家乡，看到他正在地里锄草，他的妻子给他送饭。只见妻子非常礼貌地将饭菜递给郤缺，他同样非常礼貌地接过，吃过饭后，郤缺又用充满关怀的眼光将妻子送走。这位官员看到之后大为感动，回到晋国后，立马报告给了晋文公，说："郤缺和他的妻子相敬如宾，臣以为这是德的表现，大王如果重用这样的人，那么肯定会民心所向。"晋文公采纳了这个官员的意见，重新任命郤缺为下军大夫，一时传为美谈，后人将他们夫妻种田的地方称为"聚德田"。

不论在古代，还是现在，夫妻关系历来都是人们关注的问题，而夫妻之间只有相互尊重，才能保证家庭和睦。

每个人都有自己的个性，都想让别人来适应自己，然而这肯定是不太可能的，想要维系爱情，最好的办法是改变自己，夫妻之间要以诚相待，取长补短，相互尊重和理解。当然我们所说的尊重并不是凡事都讲究有节有理，这样反而显得生分，尊重是指夫妻二人能够进行密切而且有效的沟通交流，即便有些事情观点不统一，也应该理解对方的想法，并寻求最好的解决问题的方法。

夫妻之间相互尊重，可以从以下几个方面着手。

（1）站在对方的角度看问题。每个人看问题的角度都不一样，即便是夫妻二人，也会在一些事情上产生不同的意见。在这种情况下，最好的办法就是学会站在对方的角度去思考问题，这样不仅可以让你的观点更加客观全面，而且还是尊重对方的表现，更加有利于问题的解决，同时也更容易增进彼此的感情。

（2）学会包容对方。没有人是十全十美的，只要是人都会犯错误，特别是夫妻二人长时间生活在一起，更是会产生很多矛盾，这几乎都是不可避免的，聪明的夫妻会在产生这些问题的时候反思自己，同时包容对方。事实上，只要不是原则性的错误，都是可以被原谅的。

（3）学会欣赏对方的优点。就像上面说的一样，没有人是十全十美的，同样，每个人身上都有很多的闪光点，绝大多数人的优点都是多过于缺点的。要想保持夫妻之间甜蜜的生活，我们就要善于欣赏对方的优点。

记住一句话吧：夫妻之间的尊重，既要道歉又要感谢，既要认错又要包容，既要坦诚又要接受，既要支持又要欣赏。

3. 唠叨是和谐家庭的拦路虎

> 只有视而不见的妻子和充耳不闻的丈夫才能有美满的婚姻。
>
> ——蒙田

同事小马几年前结婚的时候,可把公司一些未婚男青年羡慕死了,他妻子不仅长得漂亮,而且声音非常好听,然而现在他却每天都心烦意乱的,用他的话说就是"我以为我娶了个百灵鸟,谁成想却变成了一天到晚叽叽喳喳的麻雀"。

原来,小马平时喜欢看看书、写写文章,可是当他每天晚上吃完晚饭,想要去书房写点东西的时候,他妻子的唠叨就开始了,一会儿说他不干家务,一会儿说他事情做得不对,实在没什么可说的,就开始数落他和女儿。

为了解决这个问题,他想了一个办法:每天早起一小时,到书房去写。刚开始还有效果,可是没出一星期,他妻子的唠叨又萦绕在他耳边了,而且还夹杂着冷嘲热讽。他终于受不了了,简单收拾一下就摔门而出。

有这样一个笑话,说:热恋的时候,都是男人说,女人听;结婚之后,变成女人说,男人听;时间久了之后,就成了男人女人一起说,邻居听。这是一种很常见的现象,很多家庭都存在这样的问题。夫妻双方有一方唠唠叨叨,另一方开始沉默忍受,慢慢开始反击,后来就升级为争吵,最后甚至会走向破裂的境地。

唠叨是夫妻之间最常见的问题,也是容易伤害夫妻感情的因素,要想创造一个友爱温馨的家庭,我们就必须根治这种"顽症"。

(1) 尽量不去责备对方。没有人是不会犯错的,而且大部分错误都是可以改正和被原谅的，一味地责备对方，反而更加不利于事情的解决。当对方犯错或者彼此意见不合的时候，不要去责备对方，而是要心平气和地与之沟通，共同去解决问题。

（2）不要抓住鸡毛蒜皮的事情不放，要善于抓住事情的重点和核心。婚姻专家乔·拉森说："唠叨会导致一种恶性循环，使争执焦点从本来的问题转向唠叨本身""不想遵守时间或不想换灯泡的人，正可借此抱怨自己被人唠叨"，说的正是这个道理。与其抱怨，不如将这种抱怨转化为行动力，透过琐碎的事情，看到事物的本质，然后全力去解决。

（3）合理安排自己的事情，让自己的生活充实起来。我们之所以会唠叨，很大一部分原因是我们没有安排好自己的生活，导致我们有大量空闲的时间胡思乱想，想通过这种方式来寻找自己的存在感。因此，为了让夫妻双方关系更加和谐，我们应将自己的生活充实起来。即便你是一名家庭主妇，也可以通过学习一些技能、锻炼一下身体等方式来缓解一下生活的无聊。

无数事实证明：唠叨并不能解决任何问题，只会让事情越来越糟。沟通是夫妻之间交流感情的密码，任何问题都可以通过沟通来解决。遇到问题的时候，心平气和地商量沟通，而不是一味唠叨，这是很多幸福家庭的秘籍。

4. 婚姻和事业可以两全其美

家庭与事业双丰收，是对女人智慧和运气的双重考验。

——李筱懿

赵桐在事业上非常成功，而且家庭也非常美满。她是一家大型企业的高级主管，出差是家常便饭，可是只要她和她老公在一起，总是会呈现一副小女人的姿态,她常挂在嘴边的一句话就是"听我老公的"。不仅如此,她还对大家庭里的每个人都非常友好,愿意帮助别人解决各种问题,空闲的时候还会组织大家聚会。这么多年,他们全家人都切切实实看得到她为自己的事业和家庭付出了多少的努力,才换来如今的幸福。

有一次,她和别人聊天聊到这个话题,她说这些年她总结出来的经验是:

(1)对自己有一个准确的定位,合理规划和制定符合自己发展的生活方式。在这社会上生活,每个人都要扮演各种各样的角色,想要把每个角色都做到最好是不可能的事情,因此我们必须有所取舍。所以,要想准确地定位自己,就应该全面分析各方面的因素,分析自己的现状以及自己目前的位置,然后在取得家人支持和肯定的前提下,确定自己的目标。这个目标不一定多么远大,只要是有利于我们自我成长的都可以。

(2)必须保持一颗积极向上的内心。家庭与事业之间的矛盾有时候并不是那么容易解决的,但我们也应该知道,这并非是不可以解决的。当出现矛盾的时候,我们首先必须勇敢去面对它,同时应该相信凭借自己的能力是可以将问题解决在萌芽状态的。有一颗积极向上的内心尤为必要,当我们以积极健康的心态去接纳生活赐予我们的一切时,生活中的矛盾也会烟消云散。

(3)必须明白任何的成功都不是偶然的,必须付出加倍的努力才能换取婚姻和事业的双丰收。每个人的时间和精力都是有限的,在这有限的时间和精力中,我们还要扮演各种不同的角色,不过既然自己选择了不同的路,就应该明白我们需要付出更多的努力。家庭与事业有时候存在着天然的矛盾,而除了保持乐观向上的心态之外,最根本的解决办法就是积极去做,只有做才能解决问题,只有做才能化解矛盾。

(4)保持真我本色,活出真实的自我。现如今,家庭早已不是女性生活的全部了,有些特立独行的女性往往更能在适合自己的岗位上做出惊天动地的成绩,而整天围着家庭转的女性早晚要被社会所淘汰。每个人都有自己的理想和抱负，寻找自己合适的位置，展示自己的才华，活出洒脱的自己，这不仅是自己的成功，同时也是一个家庭的成功。

（5）应该将家庭与事业统一起来对待，使其相辅相成、相得益彰。夫妻之间要互相鼓励；树立较强的事业心，确立自己的奋斗目标，不要沉浸在甜蜜的家庭小安乐窝里。新婚蜜月是人生难忘的幸福时刻，新婚夫妻可以尽情欢乐，到自己想去的名胜古迹、游览胜地去旅游，蜜月结束，就应集中精力去搞好自己的工作、生产和学习。夫妻在事业上都做出成绩，反而会促进彼此感情的加深，使夫妻更加互相敬慕。

（6）夫妻应该互相关心、互相帮助、互相体谅。摆正家庭与事业的关系，关键是要夫妻同心、认识一致。彼此想法相同，就能共同想办法把家庭生活安排好，双方都努力工作，同时又能照顾家庭。比如，丈夫可能正紧张地进行一项科研，回家的时间少了，当妻子的应该充分理解和支持，把家庭生活的担子挑起来。丈夫也要体谅妻子既要工作又要顾家的难处，回家时，就应主动多做一些家务事，让妻子腾出时间休息和学习。又如，妻子的工作性质是晚班多，当丈夫的也要充分理解和支持，晚班可能比较辛苦，要尽可能在饮食、起居方面多加照顾。夫妻都能这样做，互相都高兴做对方的"贤内助"，使对方无后顾之忧，就会积为动力，使各自在工作上取得成绩，夫妻也会更加恩爱，家庭更加和美。

（7）业余时间夫妻要多在一起。上班时，夫妻都忙于工作，集中精力把分内的事办好。下班后，夫妻就应该多在一起，共同安排家务劳动，共同筹划小家庭的建设，彼此谈心，交流感情。

婚姻与事业，看似是一对无解的矛盾，然而还是有很多人处理得很好，这有时并不需要大智慧，仅仅只要我们更加爱护对方即可，因为彼此深爱的两个人会无条件支持对方。

5. 帮助对方共同改正缺点

> 婚姻的目的就是告诫你不要太相信你的判断力。
>
> ——朱德庸

对门邻居是新搬来不久的新婚夫妇，刚开始两人关系挺好，可时间不长，家里渐渐就有了争吵声，有时候夜深了，二人还在争吵，搅得整栋楼的人都没办法好好休息，后来大家一致推举楼长老王作为"谈判代表"去和他们谈谈。

利用周末的时间，楼长老王邀请对面的女主人到家里做客。她显然知道楼长老王的意图，于是直接和楼长老王说："我知道我和我老公经常吵架，打扰你们休息了，有时候我也不想吵，但是他太过分了。"一听她这么说，老王就问她老公怎么了。她说："他每天就刷一遍牙，怎么说都不行，还经常不洗澡，一身的汗臭味，而且特别懒，家务几乎都是我做，我让他做，他还不服气，就跟我吵，我当然不能示弱了。"

老王一听都是些生活琐事，于是就以过来人的身份给了她一些建议：

首先，我们应该承认没有十全十美的人，每个人都有缺点。但是既然我们决定与对方结婚，组建家庭，肯定就已经考虑过这些问题，而且肯定是在可以"忍受"的范围之内的。所以，当你看到对方缺点的时候，不妨站在对方的角度去考虑一下：第一，他为什么能够忍受我的缺点？第二，这些缺点真的那么严重吗？考虑清楚这两个问题，你自然也就释然了。

其次，我们要多看到对方的优点，不要老盯着对方的缺点不放。这世界上大多数人都是优点多于缺点的。夫妻之间因为太过了解，对彼此的优缺点了如指掌，一旦有矛盾起争执的时候，我们往往就只能看到对方的缺点，而对对方的优点视而不见，这肯定会造成更大的问题。当我们很难容忍对方缺点的时候，不妨先走开一下，稍微冷静一会儿，想想他的优点，想想生活中的甜蜜时光，我们发现原本那个吸引自己的人依旧还在。

再次，如果我们想帮助对方改正缺点，就应该心平气和地与对方沟通。这么做有两个好处：第一，避免争吵，对方更加容易接受；第二，对方能够知道你是真心为他好，从而更加愿意改正。当然，这是相互的，如果对方真心实意想帮助我们改正缺点的时候，我们也应该保持同样的心态，主动及时改正。

除此之外，夫妻之间还要时不时进行自我批评。既然每个人都有缺点，那么我们就要承认它。在家庭生活中，想要彼此理解，取得对方的谅解，一个最简单直接的办法就是积极开展自我批评。

最后，制定共同的计划和目标。夫妻二人既然结合在一起，肯定就有相似的愿景和追求。当我们置于相同的目标下，就会全力以赴，当自身缺点阻碍发展的时候，我们也就会努力改正。

听了老王这些建议之后，女主人如醍醐灌顶，开始反思自己的问题。

其实有时候，事情就是那么简单，只要我们能从对方的角度去思考，再大的问题也不是问题。

6. 再大的困难也要共同面对

> 累累的创伤，就是生命给你的最好的东西，因为在每个创伤上都标示着前进的一步。
>
> ——罗曼·罗兰

我听过这样一个故事：甲乙二人是夫妻，婚后丈夫甲为了给妻子乙创造更好的生活条件，于是与朋友合伙开了一家公司。由于甲和朋友都没有经营经验，公司开了没多久就倒闭了，朋友跑了，把所有的债务和官司都丢给了甲。丈夫为了不连累妻子，于是跟妻子提出离婚，但是妻子对丈夫说："有困难我们要一起面对，再大的困难都能克服。"于是夫妻二人开始四处筹钱还债，并且在路边摆摊卖早点，在他们夫妻二人的共同努力下，最终还清了债务，并且过着幸福美满的生活。

通过这个故事，我们可以明白一个道理，那就是：再大的困难，夫妻二人也要共同面对。

生活远远没有我们想象的那么简单，走的每一步都有很多压力和挑战在等着我们。为了为整个家庭创造一个良好的环境，我们就应该有面对困难的勇气。生活给予我们的困难，都是上天给我们的机遇，怀着一颗感恩的心去面对和解决，我们才能懂得生活的真正含义。

（1）我们必须有良好的抗压能力，将压力转化成动力。有些家庭一旦遇到困难和挫折，就会处于一种失控的状态，全然忘记了如何去解决问题。困难不会自动消失，你不去解决，它就会一直都在，因此我们必须有把这种压力转化成动力的能力，运用这种能力我们就可以在困难面前从容以对，就有足够的信心和勇气来解决问题。

（2）为了有更好解决困难的方法，夫妻二人应该有自我充电学习的习惯。很多困难之所以会成为我们的拦路虎，原因就在于我们的能力达不到时代发展的需求，解决困难的能力没有提升。为此，夫妻二人可以自主进行一些力所能及的学习充电。我们这里所说的充电，并不一定是指去上课、听讲座或者是专门学习一门技术，日常生活中我们就可以充电，比如看几页书，注意别人解决问题的方法，甚至于在夫妻吵架中都能找到有用的观点。

（3）有些问题如果没有办法解决，那不如暂时搁置处理，然后共同回忆彼此在一起的美好细节。所谓夫妻，就是彼此相偎相伴、共同度过一生的人。无论快乐或是挫折，只要二人愿意共同承担，那都可以成为一段甜蜜的回忆。如果有些问题暂时超过了彼此的承受范围，也不要灰心，共同经历的挫折会让我们的感情得到升华。

一段幸福的婚姻中不可能只有甜蜜和快乐,更有挫折和困难,这就需要双方相互呵护,彼此共同经历。有时候,挫折是彼此感情的升华剂,只有经受了考验的夫妻才能在相爱的路上越走越远。

7. 从细节入手增进夫妻感情

夫妻间应由相互认识而了解,进而由彼此容忍而敬爱,才能维持一个美满的婚姻。

——巴尔扎克

幸福婚姻是我们拥有温馨家庭的基础,但是想要保持幸福婚姻是没有捷径走的,需要我们一步一步地付出,只有靠双方共同去经营。凯文与丈夫结婚已经七年了,一般夫妻都会经历七年之痒,但是凯文和丈夫依然像新婚夫妻一样甜蜜。因为凯文会在丈夫工作时,为他营造一个良好的工作环境;在丈夫口渴时会及时递上一杯温水;当丈夫出门时,会给丈夫递上他的公文包并拥抱丈夫等。她会为丈夫做一些看起来微不足道的小事,正是这些细微的小事让凯文夫妻俩的婚姻生活一直保持着甜蜜的状态。

因此,用自己的细心去收获幸福的婚姻生活吧。

适时给夫妻生活增加一点浪漫。夫妻生活不能一成不变,时间长了,夫妻双方就会产生厌倦的情绪。这时候,就需要制造一点点浪漫的元素,那么会使原本平淡的夫妻生活多几分乐趣。为爱人准备一顿特别的晚餐,你不需要找什么特殊的借口,也没必要必须是在情人节或其他纪念日。准备他最喜欢吃的东西,花几分钟收拾一下桌子,放点音乐,这些看似普通的事情,会让你们记忆犹新。

适当说一些甜言蜜语。在婚姻当中,不要以不好意思为借口而羞于表达自己的爱。"我爱你"三个字是最生动的表达,也是最能够打动人心的美丽语言。不需要将这三个字经常挂在嘴边，但是偶尔还是需要勇敢地表达出自己的爱，可以在某个清晨，将写着"我爱你"三个字的纸条放在准备好的早餐旁边，你的爱人看了之后肯定会非常感动。一句"我爱你"有时候可以抵上无数默默付出，能够让所有的付出变得更有价值。

给肩膀或脚掌按摩。当你的爱人经历了一天的辛苦工作之后给你的爱人做一些肩膀、后背或是脚底的按摩，会让他感受到你的爱意。这相当于告诉他，他身体的健康和舒适对你来说是很重要的，并且这也是一种增强体质和增进感情很好的办法。

一个拥抱就足够让爱人感动。身体语言蕴涵巨大的能量，仅仅一个拥抱就可以让一个被爱的人在他脸上呈现出甜蜜的微笑。不论是和爱人在沙发上相拥而坐，还是让他在你臂膀上安然入睡，给对方拥抱和温暖是对他表达爱意最完美的方式。

爱就是这样，有时是一个鼓励的眼神，有时是一个宽厚的手掌，有时是一个大大的拥抱，幸福的生活是由这些点点滴滴的细节堆砌的。

情商测试题（9）

想了解你的婚姻情商处于什么水平吗？不妨回答一下下面几个问题：

1. 老公带你参加聚会，老公与朋友聊得热火朝天，而你却不认识什么人，你会：

　　A. 用"每个人都会有这种处境"来安慰自己

　　B. 面带微笑走近他们

　　C. 等人来找你搭话

　　D. 找个比较投缘的人向他自我介绍

2. 与老公做爱时，当你马上达到高潮，他却突然停止，你会：

A. 平静地告诉他你希望如何

B. 想想是不是因为自己哪里做得不好

C. 不想说什么,希望他下次能做好

D. 大发脾气,怒言还不如找其他人

3. 选出你认为最适当的一句话,"对于一个好丈夫来说,他应该……"

A. 知道我在想什么

B. 让我过上富有的生活

C. 仔细听我的谈话

D. 希望与我共度时光

E. 能够接受我的一切

F. 把我放在他的朋友、亲戚和同事之上

4. 选出你认为最适当的一句话来形容你的婚姻。

A. 和谐、幸福

B. 充满争执,但无伤大雅

C. 伤痕累累

D. 命中注定,顺其自然

5. 如果你和老公约好见面,可是你知道他有爱迟到的习惯,你会:

A. 和他约定的时间比你实际想到的时间早30分钟

B. 弄清楚他为什么迟到

C. 稍等一会儿,再不来就走

D. 与他说好最多等多久,并告诉他经常这样会伤感情

6. 全家人去爬山,到达山顶后你想按原路线走,可是孩子吵着要下山,你会:

A. 觉得出门带着孩子真是麻烦

B. 先安抚孩子,再走原定路线

C. 可能是孩子累了或害怕了,先带孩子下山

D. 二话不说,带孩子下山

7. 如果有人恨我,我担心他会伤害我的老公。

   A. 是　　　　B. 不是

8. 当你遇到高兴的事情,你会马上想到要告诉老公吗?

   A. 是　　　　B. 不是

9. 当你焦躁不安时,是不是经常会对周围人尤其是老公很敏感?

   A. 是　　　　B. 不是

10. 你和老公产生分歧,你会:

    A. 进一步解释自己的观点,帮助他理解

    B. 发火,不再解释

    C. 不再解释,给他考虑的时间,过段时间再谈

评分标准

1. A=2　　B=1　　C=0　　D=1
2. A=2　　B=0　　C=0　　D=0
3. A=2　　B=0　　C=2　　D=2　　E=0　　F=1
4. A=2　　B=1　　C=0　　D=0
5. A=1　　B=2　　C=0　　D=0
6. A=0　　B=0　　C=1　　D=2
7. A=0　　B=2
8. A=0　　B=2
9. A=0　　B=2
10. A=1　　B=0　　C=0

测试结果

0~5分:你无法把握自己的情感,更搞不懂老公的想法,你们的婚姻很难继续维持下去。你需要借助冥想、运动等方式来调整情绪。此外,也应大胆表达自己的意见。

6~13分：当你在外面的时候，能够笑对他人，但是一旦回到家，就容易将自己的不快撒在配偶身上。建议你尽量把自己真实的想法传达给另一半，并且设身处地地替对方着想。

14~17分：你知道怎样做才能使家庭幸福，但对调节他人情绪，却并不是那么游刃有余了。如果你能够做到先人后己，放眼长远，你的EQ值会升值许多。

18~20分：你是天生的乐天派，能够很好地控制自己的情感，所以你的精神相当健康，你的婚姻满意度和幸福感也会很高，而且婚姻稳定度也超于寻常。

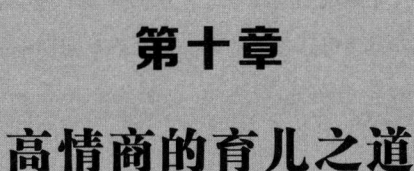

第十章
高情商的育儿之道

1. 做孩子的榜样，做称职的家长

> 很多人认为小孩子讲的话都是无稽之谈。然而我认为，如果现在听取孩子所关心的事，将来当他到十几岁后也能分担父母所操心的事。这两点是密切相关的。
>
> ——亚科卡

马克思曾说过"家长的行业，就是教育子女"。孩子的成长是一个学习的过程，从基本生存能力，到言谈举止、修身养性、成家立业等，都离不了父母的教育。父母是孩子接触最多、离得最近的人，所以自然也是他们人生的"第一老师"，毫不夸张地说，有什么样的父母，就会有什么孩子。

菲菲和女儿一起看一档电视节目，讲述的是这样一个事例：12岁的小楠非常崇拜某位明星，经常买这位明星的画报，贴得满卧室都是。小楠妈妈很生气，每次看到之后就是一顿大骂。有一次，小楠妈妈又看到小楠买了画报，顿时气不打一处来，硬逼着他撕掉了所有的画报。最后，这个孩子赌气，索性离家出走了。这可吓坏了小楠妈妈，发动了所有的亲戚朋友，最后在警察的帮助下才找到。小楠妈妈痛哭流涕，抱着孩子陈述自己的不是，然而转眼之间，刚出派出所的大门，又对孩子打骂起来，旁人拦都拦不住。

女儿看完之后，忿忿不平地嘟囔说："怎么还有这样的妈妈啊？"女儿也许根本不知道，这样的妈妈其实到处都是，处理不好与孩子关系的父母大有人在。

一般，"问题父母"分为以下四类：

（1）把孩子当作自己的私有品，没有把孩子作为独立的个体看待，也就谈不到尊重了，上面这个妈妈就属于这种情况。这类父母教育孩子的方式往往简单粗暴，多强制命令而非间接引导，从来不会去聆听孩子的声音。

（2）只注意物质方面的照顾，而忽视对于精神方面的培养。这类父母觉得他们只要给孩子提供最好的环境，能在衣食住行等方面满足孩子就够了，其他方面都可以不闻不问。

（3）对孩子的爱往往是有条件的，多数是非常重视孩子的学习成绩，认为孩子的主要任务就是学习，只要孩子能学习好，其他的一切都不重要，要是孩子稍微有点不努力，成绩出现下滑，则会大发雷霆。这类父母可以看成是第一类父母的延伸。

（4）还有一类父母习惯于将自己的孩子与"别人家的孩子"相比较，他们往往认为自己的孩子全身都是缺点，"别人家的孩子"都是优点。

所有的"问题父母"大体都脱离不了这几类，而这样的父母教育出来的孩子自然会存在很多的问题。而为了避免自己的孩子像上面例子里的孩子一样，有时候我们必须要学会如何做个称职的父母。

第一，牢记孩子并不是父母的附属品，必须学会与孩子平等真诚地相处。在日常与孩子的交流中，承认孩子是独立的个体，尊重孩子的意见，逐渐让孩子参与到家庭的一些重要决策中来，让孩子感受到自己的重要性，培养孩子独立自主以及处理问题、解决问题的能力。同时，尊重孩子的习惯和爱好。只要不是有害的，或者对自己身心健康没有好处的，作为家长都应该给予支持。如果因为客观原因没有办法支持，可以通过对话等有效方式与孩子解释清楚。

第二，每个孩子都有自己的优缺点，应该注重转变培养孩子的观念，注意孩子的长远发展。与中国传统教育不同，西方的父母更加重视孩子自我成长，他们教育孩子的目的往往是培养孩子健全的人格，而不是为了满足父母的期待。在这点上，中国的父母正好相反，依靠着自己的社会经验，他们往往强迫孩子走他们安排好了的道路，并美其名曰是为了孩子。

诚然，不否认父母为孩子所做的一切都是为了孩子能够更好地发展，然而我们必须实事求是，充分考虑孩子的意见以及意愿。家长应该创造民主宽松的环境，培养发现孩子的兴趣，正确引导孩子找到自己的爱好，同时培养他们独立自主的能力，这样才能全面提高他们的素质和能力。

第三，培养孩子正确的人生观、价值观、世界观。孩子的模仿能力很强，加之对于外界世界他并没有一个清晰完整的判断，通常会受到客观环境的影响。要想培养孩子正确的人生观、价值观和世界观，父母首先要以身作则，做好孩子的榜样。

培养孩子正确的人生观、价值观和世界观需要从两个方面着手：

用积极鼓励的方法，让孩子主动建立正确的观念。身为父母，一定要言传身教，在潜移默化中影响自己的孩子。

正确认识孩子的缺点，及时约束并帮助孩子改正不当行为。每个人都会犯错，孩子由于行为能力的不成熟，更是会做出一些出格举动，这时候我们必须严格约束。当然这里所说的约束并不是指打骂孩子，而是要通过讲道理、适当的惩罚等方式促使他改正。约束的目的是为了让孩子明白自己的问题所在，只要孩子意识到自己错了，就不用再追究了。

第四，必须扮演好作为父母的角色，承担起照顾孩子的责任和义务。现在，无论是城市还是农村，一些家长因为忙于工作无暇照顾自己的孩子，导致了大量留守儿童的存在。这些孩子长期生活在老一辈的照顾之下，容易形成偏执、执拗的性格，这必须引起我们（不仅仅局限于父母）的关注。

孩子的教育问题是父母的责任，同时也是义务。只有在父母的关爱下，孩子才能快乐健康地成长，才能拥有良好的性格。因此，不论我们存在怎样的困难，都要尽一切可能亲自照顾自己的孩子，这样才能让他们更好地发展。

2. 引导孩子识别情绪，并学会控制情绪

> 孩子的身上存在缺点并不可怕，可怕的是作为孩子人生领路人的父母缺乏正确的家教观念和教子方法。
>
> ——珍妮·艾里姆

小白有个非常乖巧的女儿，深得左邻右舍的喜欢。和很多小孩一样，这个小女孩有一个大人们无法理解的"爱好"——她喜欢收集各种各样的小石头。对于她的这个"爱好"，小白虽然不理解，却很支持，还专门帮女儿买了一个工具箱盛放这些石头。

有一次，小白的父母过来小住几天，顺便帮同事把屋子从里到外收拾干净。小女孩的那些"宝贝"自然也在清理的范围之内。

晚上放学之后，小女孩看到工具箱里空空如也，顿时大哭大闹起来，并指责自己的爷爷奶奶说："你们凭什么扔掉我的东西？你们赔我，你们赔我！"

这时候，小白说话了：宝贝，你有没有发现咱们家变漂亮了，你看看你卧室是不是干净了？

听了小白的话，小女孩楞了一下。

小白接着说："爸爸妈妈平时工作非常忙，没时间收拾屋子，你爷爷奶奶主动过来帮咱们收拾，很辛苦，咱们应该感谢他们！"

小女孩说："可是，可是，他们把我的石头给扔了！"

小白："这事不怪爷爷奶奶，咱们没有说清楚，你又把这些东西放在客厅里，所以他们就当成是垃圾了啊！"

小女孩："那你能不能和爷爷奶奶说说，让他们以后不要扔我的东西！"

小白:"那你自己去和爷爷奶奶说去,请求他们原谅你!"

小女孩怯生生地走到爷爷奶奶身边,低声说:"爷爷奶奶,我错了,我不该对你们发火,谢谢你们帮我家打扫卫生。"之后又怯怯地说:"爷爷奶奶,麻烦你们以后别乱扔我的东西,那些石头我捡了好久,特别喜欢。"

原本一场"家庭大战"在家长的引导下顺利得到解决,小女孩也知道了自己的错误,并主动向爷爷奶奶道了歉。

每个人都会有负面情绪,小孩子也不例外。相反,因为孩子尚小,对于大部分事情并没有成熟完整的看法,所以一旦遇到不合心意的事情,就会出现情绪波动。在这种情况下,身为父母我们一定要学会引导孩子识别自己的情绪,并让他们学会控制自己的情绪,从而培养他们良好的心理素质,促使他们健康成长。

要想帮助孩子解决情绪问题,首先,必须承认孩子情绪问题的存在。当一个人产生负面情绪的时候,肯定有其原因,所以当我们发现孩子情绪不对时,一定要想办法去了解真实原因。有些父母总是试图忽视孩子的负面情绪,希望他们的情绪能够自然而然过去,结果却不尽如人意,还会越来越严重。显然,这种听之任之的方式并不利于事情的解决,我们只有接纳孩子的负面情绪才能有效解决孩子的情绪问题。

其次,要帮助孩子通过一些途径准确地表述自己的情绪。具体的途径有很多种,其中最重要的途径有两个:

(1)注意帮助孩子积累丰富的词汇。日常生活中,几乎每天我们都要用词汇去描述自己的情感,这正是教育孩子的最好机会。当我们表述自己情感的时候,同时也可以顺便教会孩子掌握这些词汇,让他们懂得如何用这些词汇去描述自己的真实感受。

(2)借助一些视频、照片、图片等素材帮助孩子认识自己的情绪。这类材料有个共同的优点,那就是具有可视性,通过这些材料,我们可以帮助孩子识别不同人的情绪。

除此之外，我们还可以注意引导孩子通过观察别人的体貌语言来识别情绪。每天我们都会遇到各种各样的人，同时也会见证很多人的心情，这是教育孩子天然素材。

家长帮助孩子识别自己的情绪的最终目的是为了帮助孩子快速成长为具有健全人格的人。促进孩子识别情绪，学会管理自己的情绪，并做到自我疏导，这并不是一个简单的过程，有可能需要花费父母几年甚至十几年的时间，需要父母保持足够的耐心，在教育孩子的过程中不断提升自己，并且经常进行必要的反思，这样才能让自己的教育方式不至于发生偏差。

3. 注意疏导孩子的负面情绪

> 孩子的言行就像一面镜子，反映着家庭和父母的精神，所以希望孩子好，首先自己要起模范作用。父母或教育者的日常性言行，对培养孩子的人格有最强的说服力。
>
> ——谷口雅春

要想帮助孩子疏导自己的负面情绪，首先我们必须接纳孩子的这种情绪。情绪是我们的本能反应，每个人每天都会产生，不管是好情绪还是坏情绪，其本身是没有错的。当孩子出现负面情绪的时候，如果家长选择接纳包容，那么他自然而然也就不会躲避这种情绪，从而有助于疏导；相反，如果家长总是无视或者忽略孩子的情绪，久而久之孩子就会压抑自己的情绪。

女儿还小的时候，我经常带她到附近的游乐场里去玩。有一次，我们离开的时候，她却大哭大闹，说什么也不愿意离开。

我知道她是因为舍不得，所以选择接纳她的这种情绪，于是蹲下来，轻声和她说："你是不是不想走，还想再多玩一会儿啊？"

女儿:"妈妈,求你了,你就让我再多玩一会儿吧?"

我:"妈妈知道你喜欢这里,刚才妈妈在这儿玩得也很开心,但是咱们约定的时间到了,妈妈明天还得上班。今天先玩到这儿,周末咱们再过来多玩一会儿好不好?"

这时,女儿虽然还是有些不舍,不过还是点点头。

其次,让孩子学会"感同身受",体会别人的情绪。我们可以通过讲故事、做游戏等方法与孩子讨论真实感受,并且将前因后果用尽量通俗的语言讲述清楚,同时还可以利用周围的人和事来引导孩子"感同身受"。在上面那个事例中,我并没有一味地拒绝她,而是和她说我明天需要上班,这样她就能知道我的"辛苦",从而放弃了继续玩耍。

学会体会别人的情绪,孩子可以了解到消极情绪所产生的不好影响,也会知道积极情绪可以让我们更加主动快乐,这样他就可以慢慢学会消化自己的不良情绪。

再次,如果孩子的消极情绪暂时得不到疏导,可以让孩子适当地宣泄出来。人在情绪低落的时候,适当的宣泄是十分必要的,孩子当然更是不例外。长期的精神压抑,如果得不到有效的情绪宣泄,往往会伤害身心健康。当然,这里说的宣泄并不是肆无忌惮的,宣泄的方式必须选择合理适当的,比如,孩子在生气的时候,我们可以带着他玩一些稍微激烈的游戏或者做一些运动;孩子心情低落的时候,可以让他哭一会儿或者带着他看一些比较正能量的电影或者动画片,等等。

除此之外,我们还要学会合理地转化孩子的负面情绪。当然,这就对父母提出了更高的要求,但是这往往可以让孩子从消极的情绪中快速转变过来。上面那个例子中我向女儿保证等到周末的时候,允许她多玩一会儿,这样就满足了她的心里愿望,让她有了心理期待,所以她自然而然就从当时的消极情绪中恢复过来。同时,在孩子情绪消极的时候,我们可以帮助他寻找到他感兴趣的事物或者快速带领他离开所处的环境。

最后,我们还必须牢记一个原则:没有规矩,不成方圆,教育孩子同样也是如此。帮助孩子疏导不良情绪是为了能让他更好更快成长,而不是一味地与孩子妥协,有些最基本的做人原则万万不能丢,比如说谎、任性、撒泼打滚、出口成脏,等等。即使他这样,我们也要坚持,让他明白依靠他的这种坏情绪并不能得到他想得到的东西。

健康积极的心态可以让孩子保持比较旺盛的精力和体力,从而可以从容面对生活中各种压力和挫折,而负面情绪则会导致他们产生一系列心理问题,影响孩子的身心健康。为了保证孩子健康成长,我们必须注意适时帮助疏导他的负面情绪,建立积极乐观的心理状态。

4. 注意培养孩子的独立意识

> 一切学科本质上应该从心智启迪时开始。
>
> ——卢梭

非洲大草原里住了三只动物,分别是老鹰、狮子和羚羊。最近它们遇到了同样一个问题,那就是如何培养下一代的独立意识。

老鹰首先把小鹰带到大树上,然后直接把它扔出去。小鹰很害怕,只能拼命扇动翅膀,在它快要掉下去的时候,最终还是飞了起来。之后,老鹰又把小鹰带到一个不高的悬崖边,依旧直接把它扔了出去。与之前那次一样,小鹰继续拼命扇动翅膀。悬崖、高山、云端,在老鹰这种近似无情的鞭策下,小鹰最终可以在高空中自由翱翔。

为了培养小狮子的狩猎能力,母狮子就带领它去寻找附近的小动物。当发现猎物的时候,母狮子就让小狮子追赶。刚开始的时候,由于没有经验,小狮子总是抓不到猎物。面对精疲力尽的小狮子,母狮子并没有半点怜惜,而是强迫它继续追寻猎物。如此反复很多次,小狮子终于掌握了狩猎的本领。

羚羊是草原上的劣势群体，为了生存，它们必须有着强大的奔跑能力，要不然只能成为肉食动物的大餐。老羚羊深谙此道，所以自从小羚羊一出生，它就时时刻刻强迫小羚羊奔跑，并强迫小羚羊和它赛跑，跑得慢了就会受到相应的处罚。小羚羊一开始很不理解，可是当它目睹自己的同类被狮子、猎豹围捕而它总能逃脱的时候，完全明白了老羚羊的心思。

事实上，就像上面写的那样，在动物世界中，不管是哪个族群的，为了生存，它们都特别重视培养下一代的生存能力。而作为高级动物的我们就更不用说了，孩子的教育问题一直是一个家庭的重中之重。特别是在家庭普遍只有一个孩子的现代社会，由于人才竞争的加剧，生存压力的加大，如何培养孩子的独立能力和意识已经是一个持续热点的话题。那么，面对这个问题，身为家长的我们应该怎么做呢？

（1）积极主动给孩子一些空间，培养他们安排自己生活的能力。俗话说得好，"少年若天性，习惯如自然"，意思是说，如果小时候就养成了良好的行为习惯，那么它就会像天生的一样，永远跟着我们。为了培养孩子的行为习惯，我们应该寓教于乐，在宽松和睦的家庭氛围中，在潜移默化中影响他们。特别是在一些他们自己的事情上，我们应该采用一种民主的方式与孩子讨论，这样有助于孩子积极思考，有助于培养孩子的自信心和成就感。有时候即便孩子的想法错了或者犯了一些小错误，也不应该一味地否定，而是要帮助他们做分析，让他们知道什么是对的，什么是错的。

当然，虽然我们需要给予孩子一些自由空间，但是这个空间必须是有限度的。由于孩子年龄尚小，人生观、世界观等并不完整，导致他们看待很多事情的观点并不是那么准确。这时候，我们就要以过来人的身份去帮助他们，将他们的自由空间限定在道德伦理和法律的范围之内。独立不是毫无约束，必须遵循一定的社会规则。

（2）教育孩子要从小树立自己的梦想和追求，并为此不断努力。有句话说得好，"做人如果没有理想，跟咸鱼有什么区别"，即便是再小的孩子也应该拥有自己的梦想。有了梦想，我们就有了一个奋斗目标，并愿意为之进行艰苦卓绝的奋斗，这样有利于培养孩子的自主能力。

天性使然，有些孩子并没有这种意识，故而需要父母的指导。在这时，身为父母就要与孩子平等协商，而非强制命令。须知只有孩子接受了这个目标，它才会真正发挥作用，如果孩子想学围棋，而家长非要让他学习钢琴，孩子喜欢画画，家长非要逼孩子学习舞蹈，这不仅会挫伤孩子的积极性，而且会耽误孩子的大好时光。

与此同时，我们还要注意克服孩子好高骛远的缺点。理想能够实现，那才是理想，如若实现不了，那就只能是空想。空想不但不利于孩子的发展，而且是有害的。帮助孩子把理想和现实有机地结合起来，从一点一滴做起，这样才能最终实现理想。

家长可以帮助孩子制定阶段性的目标，待完成之后，再继续制定相应的目标，并给予孩子一定的奖励，这样有利于孩子继续奋斗。

（3）适当地给孩子一些困难和障碍，帮助孩子学会解决问题的方法。一帆风顺的生活不利于我们的成长，一直生活在父母的羽翼之下的孩子永远都不可能真正成长起来，所以适当地让孩子经历一些挫折，恰恰有利于孩子的成长发展。现实生活中，如果孩子遇到什么他解决不了的问题时，可以暂时不告诉他解决的办法，给他一些提示，让他自己想办法解决，这样下次再遇到类似的问题，他就能够主动地去解决了。

要想培养孩子的自主意识，家长必须全方位考虑清楚，而不是迷信某种理论或者某本书。理论再高明，书籍写得再清楚，都远远不及家长对于孩子的准确分析。

5. 培养孩子良好的人际交往能力

> 对孩子来说，想象比拥有百万家私更重要。对一个尚未成熟的少年来讲，坏的伙伴比好的老师起的作用要大得多。
>
> ——伊索

前段时间，小李精神一直不太好，原来他孩子最近上幼儿园了，可是由于孩子性格比较内向，不爱与人交流，所以每天早晨总是又哭又闹，不愿意上学，为此小李夫妻甚至牺牲上班的时间去处理这件事，然而效果并不理想。

为此，同事们劝他先请两天假陪孩子到幼儿园了解下情况，建议老师让大班同学和小班同学一起玩。小李向领导请了假，主动陪伴孩子去幼儿园。到了学校之后，小李向园长建议能不能请一些大班的孩子过来给小朋友表演节目、讲故事，跟他们做游戏。园长欣然同意。

在大班孩子的帮助下，小班的孩子放下了顾虑，原本那种害怕的情绪随着音乐声慢慢消失，取而代之的是一片友爱欢快的场景，小李的孩子也开始不自觉地跟着节奏跳了起来。

音乐声停了以后，小朋友意犹未尽。然后园长建议做游戏，小朋友们更是兴奋不已。在孩子正在高兴地和朋友做游戏的时候，小李带着忐忑的心情悄悄离开了学校。然而他担心的事情并没有发生，接孩子时，园长说孩子一整天都很高兴，还交到了好几个朋友。

从那以后，孩子上幼儿园再也没用他们催，每天都是快快乐乐的，晚上回家的时候还会主动讲述他在幼儿园的朋友以及发生的趣事。

其实，这并不是什么神丹妙药，帮助孩子创造良好的环境是培养孩子良好人际关系的有效途径之一。其实不光是孩子，即便是大人，也只有在与人的交往中才能锻炼自己的人际交往能力，孩子只有在良好的环境中和更多的实践中才能慢慢掌握与人交往的技巧。有些孩子天生内向、胆小，不愿意或者不敢与别的孩子交往，这时候身为父母的我们就该鼓励他们去做或者自己也主动加入进去，只有这样才能慢慢打开孩子那颗封闭的心。

帮助孩子提高自己的语言表达能力同样有助于孩子良好人际关系的培养。孩子的词汇以及语言组织能力通常有限，以自我为中心的语言较多，而社会性语言较少，而且不能把握自己的话题。因此，父母应该积极利用身边的环境帮助孩子组织语言，另外，也可以经常问他们一些开放性的问题，并让他们自己组织语言回答，或者引导他们自己讲故事，这样既可以提高孩子的语言表达能力，又可以启发他们的思考能力。

培养增强孩子与人沟通的自信。很多孩子之所以不愿或者不敢与别人交往的一个重要原因是他们内心自卑，不够自信，然而其实哪怕再内向的孩子也都渴望并需要朋友。像这样的孩子，如果能够培养他们的自信，顺畅的人际交往也就自然而来。培养孩子自信是个比较复杂的事情，不过有两个简单的方法可供我们学习。

（1）身为父母，必须用温和的态度对待孩子。只要孩子犯错误，有些父母就会打骂，须知只要是人就会犯错，别说是有如一张白纸一样的孩子了。如果总是打骂，孩子的内心必然会发生一些变化，导致他们自卑自闭，做事情畏手畏脚，与人交往自然会出问题。而如果总是用友好的态度对待他们，即便孩子犯错，也能选择合理的方式处理，这样他们就不会有心理负担，从而有信心地去做事情，也就愿意与别人交往了。

（2）多看到孩子的优点，不要盯着孩子的缺点和错误不放，多称赞孩子，这可以说是最有效的方法了。一般来说，大部分人的优点都是多于缺点的，孩子同样也是，身为父母，我们应该学会多夸赞自己的孩子。从小事夸起，夸奖孩子要及时，除非特别严重的错误，否则尽量不批评孩子。

适当扩大孩子的交往范围。由于现在的家庭多是独生子女，孩子从小的玩伴就非常少，有些父母因为工作原因甚至将孩子长期锁在家里，长此以往，孩子的沟通能力必然会出问题，人际关系能力必然得不到提高。

解决这个问题的方法也很简单：多带领他们去一些人比较多的地方，比如超市、菜市场等；可以与其他的父母共同组织一些活动，比如郊游、聚餐等；主动邀请有孩子的同事、朋友到家里来做客，并让孩子接待；鼓励孩子给自己的一些小伙伴打电话，邀请他们到家里玩耍或者主动前往拜访。

当然，要想拥有良好的人际关系，首先就必须有良好的品质，所以在帮助孩子培养良好沟通能力的同时，更加需要引导孩子养成良好的人格魅力。

6. 培养孩子的发散思维

> 在每个孩子身上都蕴藏着巨大的、不可估量的潜力，每个孩子都是天才，宇宙的潜能隐藏在每个孩子心中。
>
> ——多湖辉

小刘的女儿喜欢画画，而且经常天马行空地画一些别人看不懂的东西。某个周末，爸爸妈妈正在收拾家务，等到收拾完毕之后，才发现女儿正在崭新的床单上"创作"。妈妈发现后，立即大怒。这可是刚刚才换上的啊，而且涂抹之后也很难再清洗干净。女儿被妈妈吓得大哭，躲在一旁眼泪汪汪怯生生地看着妈妈。

爸爸刚开始也很生气，不过他还是选择了另一种方式。他劝了妈妈几句，把床单拿下来，走近女儿，小声对她说："你把妈妈的床单弄脏了，咱们一起把它洗干净好不好？"女儿擦了擦眼泪，点了点头。

在洗漱室里，爸爸对女儿说："这么漂亮的床单，你在上面乱画，妈妈肯定要生气的啊！"

女儿看看床单，又看看爸爸说："我知道错了！"

爸爸："你刚才画的什么啊？画得很漂亮啊！这只小鸡画得多像啊，就像真的一样！"

女儿说："我画的是小鸡和小鸭找妈妈的故事，不过我还没画完……"

爸爸："那咱们继续画完好不好？等洗完床单，咱们去买纸和画笔好不好？"

女儿："妈妈生气了……"

爸爸："其实啊，你妈妈可喜欢你画的画了，她生气是因为你弄脏了床单。等会儿你给妈妈画一幅画，她肯定会非常开心的。"

洗完床单，爸爸带女儿买了纸和画笔。女儿继续画那幅《小鸡和小鸭找妈妈》，一边画还一边给爸爸讲这个故事，其中有些情节和细节处理连爸爸都觉得新鲜。紧接着，女儿又将刚才发生的这件事画了出来，一共四幅：第一幅，因为床单被女儿弄脏了，妈妈很生气；第二幅，爸爸和女儿正在洗传单；第三幅，女儿和爸爸正在为妈妈画画；第四幅，妈妈笑了。

爸爸妈妈对于女儿创作能力以及发散性思维感到很高兴，没想到这么小的孩子竟然有这么高明的处理方式。这件事因为爸爸巧妙的处理得到了完美解决，同时她的这种发散性思维在爸爸的鼓励下不仅没有被阻碍，反而得到了发展，不得不说孩子爸爸的教育方式值得大多数父母学习。

美国著名教育学家珍妮特说过：启发孩子的思维首要的是必须记住鼓励的重要性。上面这个案例印证了这句话。事实上，绝大多数孩子都是天才，他们的思考方式以及思考问题的角度往往是大人们没有办法感同身受的，这也就造就了他们会问很多稀奇古怪、天马行空的问题。遇到这样的问题，我们不要一味地打断，而是要鼓励他们说出自己的想法，并帮助他们共同研究。鼓励远远比批评更起作用，鼓励孩子多问几个为什么比直接告诉他们答案更能激发他们的求知欲。

而要想开发孩子的思维能力，有一个非常简单的方法，那就是像例子中的爸爸一样，鼓励孩子发展自己的兴趣爱好。常言说得好，"兴趣是最好的老师"，有兴趣孩子才会有积极性，并且愿意主动去解决问题。家长应该善于利用孩子的这个特点，加以引导。例如，如果孩子喜欢画画，我们通过询问让孩子向我们讲述他画的是什么、为什么这么画等。其实每个孩子都有奇妙的思维，通过我们的有效帮助，这种思维会慢慢开花，而如果我们一味否定或者阻碍孩子的兴趣爱好，他的思维能力必然会受到很大的影响。

帮助孩子练习联想能力同样有助于发散孩子的思维。一般来说，练习联想的方式主要有四种，即接近联想、类似联想、对比联想、因果联想。

（1）接近联想。根据事物在空间或时间上彼此接近进而产生某种新的想法，比如我们在吃某种没见过的水果的时候，虽然我们不认识，但是这种水果的形状、味道、颜色等，还是会给我们留下深刻影响，并留下这种水果的概念。

（2）类似联想。由于某一事情的特征联想到另一个相似的事物，如飞机是发明家仿造鸟的形态、运用现代空气动力学原理设计出来的，雷达就是根据蝙蝠原理发明的。

（3）对比联想。通过事物本身的性质或者特点的相反方向进行联想，如，由光明联想到黑暗，白天自然会想到晚上，下雨的时候想起晴天等。

（4）因果联想。对某种有着逻辑关系的事物产生联想，如肚子饿了就会联想到吃饭，看到地面潮湿就会想到下了雨，等等。

帮助孩子练习联想的能力，自然就能帮助孩子发散自己的思维。通过联想的这四种方式，家长平时可以引导孩子做一些思考。

当然，培养孩子的发散性思维有两个问题我们必须周知：第一，方法各种各样，但是并不是所有的方法都适合你的孩子，所以必须找到适合他的方法，才会真正起到作用；第二，培养孩子的发散性思维不是一日之功，只需要长期坚持。

7. 培养孩子的兴趣爱好

> 我认为对于一切情况，只有"热爱"才是最好的老师。
>
> ——爱因斯坦

下面讲一个有关于比尔·盖茨的例子。

某年，美国一所中学在入学考试的时候出了这样一道题：比尔·盖茨的办公室里有五个抽屉，分别贴着财富、兴趣、幸福、荣誉、成功五个标签，平时他只会带一把钥匙，而把其余四把锁在抽屉里，请问他会带着哪一把钥匙？

考虑到比尔·盖茨是世界首富，一个学生就选择了"财富"这把钥匙。然而，试卷发下来，老师给了他不及格。他很不服气，于是就写信给比尔·盖茨请教答案。没多久，比尔·盖茨就给他回信了，上面写了一句话：在你最感兴趣的事物上，隐藏着你人生的秘密。这句话的意思大体可以这样理解：在最感兴趣的事物上，我们才能激发出更大的能量，实现自己的梦想。比尔·盖茨用简单的一句话概括了兴趣对于我们的作用，同时也告诉了我们成功的方法。

而对于孩子来说，由于他们是比较特殊的群体，对这个世界的认识很少，不知道自己的兴趣爱好是什么，这是非常不利于他们以后的发展的。就像比尔·盖茨说的那样，即便是孩子，也应该拥有自己的兴趣爱好，家长更是应该注意培养。

（1）平时多与孩子共同活动，注意观察孩子的举动，挖掘孩子的兴趣爱好。孩子对大多数事情都充满好奇，有着旺盛的求知欲。要想挖掘孩子的兴趣爱好，家长就应该在与孩子相处的过程中，充分了解孩子的行为习惯以及他们内心的真实想法，这样就能知道他们的兴趣在哪儿。

每个孩子的兴趣爱好千差万别，最初表现出来的兴趣或者某一方面的天赋，作为家长千万不要熟视无睹或者盲目否定，而应该加以引导，使孩子朝着积极健康的方向发展。只要兴趣爱好不存在某些显而易见的问题，我们就应该给予支持，并提供帮助。

（2）在生活中注意培养孩子的兴趣爱好。生活是培养孩子兴趣爱好的演练场，而父母是孩子最好的老师，作为与孩子相处时间最长的人，聪明的父母特别注意从生活的点滴中培养孩子。举个简单的例子，如果我们想要培养孩子画画的兴趣，就可以多带孩子去看一些画展，多参加一些艺术活动，或者将家庭布置得艺术气息浓厚一点，甚至可以坚持陪着孩子做一些画画练习，潜移默化中，孩子就会深受影响。退一步讲，即便最后孩子并未对画画感兴趣，至少也提高了孩子的审美能力以及鉴赏力。

（3）培养兴趣并不一定是单一的，可以培养孩子兴趣爱好的多样性。几乎所有孩子对这世界上的绝大多数事物都保持了浓厚的兴趣，并且愿意去尝试。而有些父母出于自己的考虑，会认为孩子是在浪费时间或者对以后发展没有用途而直接扼杀，这其实是非常错误的做法。主动与孩子沟通，鼓励他们多参加一些喜欢的兴趣活动或者是培训班，这样不仅可以丰富孩子的经历，开阔孩子的视野，而且还能增长孩子的技能，培养孩子的兴趣，甚至还能提高他们的思考以及分析问题、解决问题的能力。

现在有些家长为了培养孩子的兴趣爱好，不经孩子同意就给安排了很多的课程，这种极端的做法同样是不可取的。须知玩儿是孩子的天性，在他们小时候，玩儿就是他们的"正经工作"，如果我们剥夺了他们玩儿的权利，也就无从谈起帮他们培养兴趣爱好了。

总之，如何发现并培养孩子的兴趣，是每个父母的责任。父母应该为孩子创造拓展视野的机会，并且引导他们对自己的兴趣保持持续性。对孩子的兴趣不管不顾的父母必然是不称职的，不顾孩子客观情况，强行压迫孩子学习兴趣的父母同样也不是优秀的。

培养孩子兴趣爱好的方法方式很多，不能一概而论。要想找到适合自己孩子的兴趣爱好，就必须实事求是，尊重孩子的选择，听从孩子的内心。

8. 如何培养孩子的专注力

> 真正合理的教育应该是给孩子足够的自由，允许他们按积极的本性活动。
>
> ——卡尔·威特

前几天，邻居找到小王，希望他能帮助她。事情是这样的：她家小孩今年刚上一年级，可是这才刚开学一个月，就因为不做作业被老师留了三次。据老师反映，孩子没有办法集中注意力听课，经常上课开小差，交代的作业不能按时完成，她都很无奈，不知道应该怎么办。

这个孩子性格古灵精怪，绝对是个非常聪明的孩子，他之所以没有办法集中注意力肯定有其他方面的原因。

一般来说，造成孩子无法集中注意力有以下几点主要原因。

第一，生理原因。

（1）遗传原因。这个原因很好理解，如果父母一方或者双方都有此症状，那么孩子极有可能会遗传。

（2）发育延迟。研究表明，有些孩子因为中枢神经系统成熟延迟或是大脑皮质觉醒不足会产生一些精神系统软体征，如左右辨别不清、视听觉转化困难等，无法集中注意力同样也是具体表现之一。

（3）脑组织器质性损害。一些轻微的脑损伤，会影响神经系统的功能，从而导致注意力不集中。

第二，外部环境原因。

（1）恶劣的环境污染，导致空气、水、食物、土地等中出现很多有害成分。这些成分进入人体之后，会导致我们出现各种各样的疾病。

（2）现在一些食品特别是儿童食品中，添加了大量的调味剂和人工添加剂，导致维生素以及微量元素缺少，重金属摄入过多等，从而引发孩子的诸多疾病。

当然，从她家孩子的表现来看，可以断定不是因为以上两个原因，那么就只能是因为别的原因了。

第三，家长以及老师的教育方式不当。有些家长简单粗暴，不知道如何教育孩子，而老师有时候也会因为需要关注更多的孩子，而没有办法顾及所有人，这就有可能造成孩子的认知程度没有办法跟上老师和家长的要求。

第四，心理原因。有些孩子会受到别人的冷落，没有存在感会让他们会产生自卑心理，于是有时候他们会陷在自己的世界里，无法集中注意力做一件事情。

第五，随着生活节奏的加快、电子产品的泛滥，人们的夜生活越来越丰富，这表现在孩子身上就是休息时间严重不足。一项统计表明，现如今有超过八成的学生每天睡眠不足八小时。

显而易见，邻居家孩子之所以不能集中注意力肯定是因为后面这三个原因。抛开休息时间不足这点不谈，小王给了邻居几条建议。

（1）给孩子营造安静温馨的环境。有条件的家庭，可以专门为孩子准备一间书房，如果没有条件，也应该在孩子做功课的时候尽量保持安静。孩子的书桌上除了文具和必要的书籍之外,不要再放置任何东西,尤其不能放置一些动漫人物或者影视剧人物的海报、贴画等。严禁杜绝孩子一边做作业,一边看电视。

(2)科学制定时间表,要求孩子在规定的时间内只能做一件事。根据一项权威统计,一般3岁的孩子只能集中注意力3~5分钟,4岁的孩子大约10分钟左右,12岁的孩子通常也只能坚持半小时不"开小差",所以我们必须全面考虑孩子的承受能力,不能强迫孩子必须在长时间内做一件事,而应该给出一个合理的时间范围。只要孩子在这个范围内做完就可以了。

(3)训练孩子听觉能力,切勿喋喋不休,一句话重复很多遍。有些家长生怕孩子听不明白,一件事情总是翻来覆去说上很多遍,这样给孩子造成一种错误的印象,那就是即便这次没听清,家长与老师也会再重复的,所以暂时可以不集中注意力。在此情况下,身为父母,我们应该使用尽可能简明的语言和孩子说,而且不再重复。这样刚开始,有可能会有点问题,不过时间长了,孩子习惯养成了,自然也就会集中注意力听讲了。

除此之外,家长的言传身教同样非常重要。家长希望孩子能专心致志学习,首先自己必须有良好的学习习惯,这样才能影响自己的孩子。相反,如果家长都没有办法集中注意力做事情,那么孩子估计也很难养成良好的习惯。

9. 培养孩子观察世界的能力

> 培养观察力的最好方法是教他们在万物中寻求事物的异中之同或同中之异。
>
> ——默格尔

看过这样一篇文章：一家三口去散步，儿子观察到每两根铁轨之间都有一条缝，觉得很奇怪，就问爸妈为什么。爸妈说是因为热胀冷缩的关系。这种解释超过了孩子对于这个世界的理解，于是爸爸就说："那咱们来做个试验好不好？明天咱们买一个温度计，根据温度来测试一下这个缝隙有哪些变化。"从那天开始，儿子每天风雨无阻前去测量，最后得出了大量的数据。后来这个孩子把这些记录整理成文章，并因此获了奖。

曾几何时，每个家长也都应该反思自己的行为。

那时候，小王女儿很小，很乖巧懂事。说实话身为父母也不能要求更多了，然后她却发现一个问题：女儿从来不问为什么，这说明女儿不会观察这个世界。

为此，在一个冬日里，她邀请一位相当有经验的幼儿园园长到家做客，并向园长说了这件事。园长让她宽心，说培养孩子观察世界的能力其实很简单。

这时候，外面正好下起了雪，女儿很好奇地看着外面。园长问女儿愿不愿意出去看雪，得到肯定答案之后，她们三人便走了出去。

站在雪地里，园长问女儿："你看，雪花是什么样子的？"

女儿："雪是白色的！"

园长："还有呢？"

女儿:"它能把我们都变成白色的!"

园长:"你还看到什么?"

女儿:"雪花就像是花朵一样!"

园长:"快看快看,雪落在你妈妈身上,马上就变不见了,你知道这是为什么吗?"

女儿笑着说:"因为雪是白色的,妈妈衣服是黑色的,所以看不到了。"

对于这种无厘头的回答,园长没有生气,而是说:"很好,你的回答真棒,但是我身上的雪也不见了啊!"

女儿想了想,然后笑着说:"因为它们都躲起来了。"

园长:"你那么聪明,肯定知道的,咱们一起来研究一下好不好?"

那个下午,她们三个人一起研究了这个问题,园长不失时机地还向女儿讲述了雪是怎么形成的、为什么会有雪等问题。

从那以后,女儿的思路似乎一下子被打开了,每天都有十万个为什么等着小王。有时候即便有些问题完全没有逻辑,可是小王依然很欣慰,因为小王知道女儿在观察这个世界,并且还在积极思考。

以上两个例子,妈妈和园长都通过孩子的兴趣培养了孩子观察世界的能力,这应该是最有效果的一种方法。每个孩子天生就具有很强的好奇心,他们对这个世界充满了兴趣,不过他们暂时还不能依靠自己的能力去了解。在这种情况下,我们应该帮助他们主动去观察、去发现。兴趣是孩子学习的动力,作为家长只有把握住这点,才能教会孩子如何去观察这个世界。

当然,仅仅有兴趣是不行的。我们还应该主动参与孩子观察世界的活动中来,帮助他们建立观察的系统性和科学性。生物学家巴甫洛夫曾经说过,在你观察这个世界的时候,不要仅仅做事实的见证者,你应该深入探究事物根源的秘密,应当百折不挠地探求支配事实的规律。在培养孩子观察世界能力的同时,还应该注重培养孩子的求知欲和探索欲,并且为孩子建立一套相对科学的制度,这样才能做到有的放矢,才能更有针对性。

此外,我们还需要帮助孩子学会一些有效的观察方法。

（1）顺序分析法：即按照事物发展的顺序或者规则观察分析，这里所说的顺序既是指时间、空间的顺序，同时也包括诸如从整体到局部、从不明显特征到明显特征等。利用这种方法，孩子容易找到一定的规律，从而掌握事物的本质。

（2）对比分析法：即通过对两个或者两个以上事物的比较，让孩子找出其中的相同点和不同点，然后让他们进行分析判断总结。

（3）跟踪观察法：有些现象或者变化并不是一朝一夕的，而是需要我们长时间的观察才能最终得出答案。平时生活中，我们也要善于创造这样的机会，陪着孩子进行不间断、有系统、长时间的观察，使孩子了解整个变化发展的过程，这样一方面可以培养孩子勤于观察的好习惯，而且还能培养孩子的耐心和敏感性。

观察世界是孩子认识这个世界的重要途径，是伴随他成长的不可替代的优良品质。帮助孩子提高对于身边事物的好奇心，激发他们的求知欲，对于他们未来的发展有着不可估量的作用，身为家长的我们必须重视起来。

10. 赞赏孩子，让他更自信

给孩子一点爱，就会获得丰厚的回报。

——罗斯金

一位妈妈参加家长会，幼儿园老师对她说："你儿子有多动症，你最好带他到医院看看。"回家的路上，儿子知道自己的表现很差，所以就问妈妈老师说了什么。妈妈鼻子一酸，差点哭了出来，不过她很快整理好了心情，对儿子说："老师今天专门表扬你了，说你现在能坐在板凳上超过三分钟了，别的家长都非常羡慕妈妈。"那天晚上，儿子没有让她喂，吃了整整一大碗米饭。

小学的家长会上，老师对妈妈说："这次数学考试，你儿子又是最后一名，我们怀疑他的智商有问题。"她强忍着泪水回到家里，对正在桌前忐忑不安的儿子说："老师说了，你很努力，也很聪明，就是有点儿粗心。要是再细心一点，下次考试一定能够超过你同桌。"儿子原本沮丧的脸一下子舒展了不少，从此每天都早早起床，早早上学。

初三家长会，她像以往一样等待班主任叫她儿子的名字，然而这次却出乎她预料之外。她有点儿不习惯，临回家之前去找了班主任。班主任告诉她："你儿子现在的成绩，考重点高中不是非常保险。"这是她参加这么多次家长会以来最高兴的一次，回家之后她高兴地对儿子说："班主任专门夸你了，说你进步很快，只要再努力一点，重点高中肯定不是问题。"

高考前夕，儿子紧张得睡不着觉，她开玩笑似的对儿子说："我儿子那么聪明，清华北大都不在话下，咱看哪个学校美女多咱们就去哪个学校。"儿子没有说话。

录取通知书下来了，清华大学。儿子拿着通知书抱着妈妈边哭边说："妈妈，我知道每次你开家长会回来对我说的话都是骗我的，不过我愿意相信，因为这世界上只有你会夸奖我。"

每个人都渴望被肯定和被称赞，孩子更是如此。因为他们的心智发育不成熟，常常只能通过别人对他的评价来自我定位。一个孩子如果经常被称赞和表扬，他就会变得非常自信，而如果他平时得到的都是训斥、批评、责备，那么他就会从内心否定自己，觉得自己做什么都不行，严重者还会产生自卑心理。因此，我们应该经常称赞而不是批评孩子。

首先，我们必须以一种积极的态度称赞孩子。夸奖孩子的目的是为了让孩子更好地发展，所以不管在什么时候，对于他们的表扬都必须是诚恳的，千万不要敷衍或者以一种冷漠的方式对待。的确，我们要忙于工作，忙于生活，但如果因为这个原因而随便回应孩子几句，只会挫伤孩子的积极性，

"称赞"反而会起到反作用。

其次，称赞孩子一定要及时。很多孩子做事情都是三分钟热度，这种热度消失之后，他们也就不愿意再坚持，这很容易造成他们做事情虎头蛇尾的毛病。因此，当他们稍微取得一点小成绩的时候，我们应该立刻称赞他们，这样就给了他们继续坚持下去的信心。如果他们遇到了困难，这时候我们更应该发挥称赞的作用，并帮助他们总结经验教训，从而培养孩子坚持不懈、刻苦钻研的良好习惯。

最后，夸奖孩子一定要适度。这里所说的适度主要是指两个方面：语言要适度、态度要适度。语言适度是指称赞孩子一般要用平和的语言，实事求是地称赞，切勿夸张或者浮于表面。态度适度是指称赞孩子也有足够的热情，同时使用一些身体语言，注意与孩子之间眼神的交流，同样切勿夸张。

同时，要注意夸与奖相结合。适当的物质奖励可以提高孩子的精神士气，可以转化成一种积极向上的力量，对于培养孩子良好的品德更能起到良好的作用。

有句话说得好：好孩子是夸出来的，时常称赞孩子，有利于提高他们的信心，提高他们与人相处的能力，有利于孩子自身的健康发展。只要我们有正确的态度，同时懂得一点夸奖孩子的艺术与技巧，就能培养出出色的孩子来。

11. 如何惩罚孩子

> 教育并不一定只是讲道理，有时适当可以采取一些强硬的措施。
>
> ——李嘉诚

家有熊孩子，有时候是一件非常苦恼的事情，很多家长都有这样的纠结：这些熊孩子犯了错，到底要不要惩罚？应该怎么去惩罚呢？

回答这两个问题之前，我们先来看一个著名"熊孩子"的故事：英国著名生理学家、诺贝尔生理医学奖得主约翰·麦克劳德小时候是个不折不扣的"熊孩子"，上小学的时候，有一天他突发奇想，想看看狗的内脏是什么样的，于是他和几个小伙伴就把校长韦尔登家的狗偷出来杀了。知道自己的宠物死了之后，韦尔登非常生气，但他还是强忍着怒火问麦克劳德为什么杀了他的狗。

麦克劳德说："我只是好奇狗为什么跑得那么快，我想看看它的内脏……"很显然，正是因为孩子的好奇心导致他犯了这样的错误。

听孩子这么说，韦尔登决定换一种惩罚他的方式，他问道："那么你看到了什么？"

麦克劳德："它和人一样，有心、肝、肺、胃，还有肠子，它的腿有关节、肌肉。"

韦尔登："约翰，看来这次你的确学到了不少，不过既然做错了事情，你就应该受到惩罚，那我就罚你画一张人体骨骼结构图和一张血液循环图，明天上课的时候要给我。"

对于这样的惩罚，麦克劳德自然乐意接受。第二天早晨，他将两幅认认真真画好的图交给校长。校长看完之后，也就没有再追究这件事情。

这件事之后，"熊孩子"麦克劳德开始发奋研究解剖学，最终成为一名生理学家，并获得了1923年的诺贝尔生理医学奖。每次谈到自己成功原因的时候，麦克劳德就会提起这次惩罚。

韦尔登校长这种做法，不仅更加激发了麦克劳德的好奇心，而且还培养了他不怕犯错、勇于改错的优良品质。

看完这个例子之后，我们来回答上面那两个问题：

问：熊孩子犯错，要不要惩罚？

答：有时候惩罚是必要的，但是惩罚并不代表体罚，身为家长，我们应该像韦尔登校长一样，让惩罚起到真正的作用。

问：应该怎么去惩罚呢？

答：

（1）提前沟通，让孩子知道是非对错。小孩子的判断能力通常不强，不知道什么能做、什么不该做。为了避免孩子犯错，我们就可以事先告诉他们，并且讲清楚如果犯错了，会受到什么样的惩罚。

（2）惩罚孩子之前，必须让他意识到自己的过错。比如，有些孩子有暴力倾向，动不动就会摔东西或者与小伙伴打架，父母就应该立即告诉孩子他们犯错的原因，并且纠正过来。如果孩子根本意识不到自己的过错在哪儿，即便我们惩罚他们，以后他们还是会犯类似的错误。

（3）惩罚要尽量保持一致。这里面所说的一致主要有两个意思：A.惩罚力度要一致，孩子犯了同样的错误，家长不能这次惩罚，下次就算了，如果孩子屡教不改，甚至还需要稍微增加点惩罚力度；B.父母也要保持一致，在惩罚孩子的问题上，父母应该达成共识，尽量站在同一个角度。

（4）惩罚孩子也应该用尊重的态度。每个人都有自尊心，孩子同样也不例外。相反，因为孩子的自尊心通常比较脆弱，更加需要我们的呵护。有些家长惩罚孩子的时候不分时间地点，还常常伴随着辱骂、讽刺、挖苦等，这样不仅不利于孩子改正错误,而且很容易破坏他们的自尊心,这往往是得不偿失的。

(5)就事论事,不要带入自己过多的情绪,也不要"翻旧账"。孩子这次错了,惩罚他们的时候只要根据这次的错误惩罚就好了,千万不要把他们以前的旧账都翻出来,开始数落他们。这样往往会给家长这样的暗示:这孩子怎么那么不听话,怎么犯了那么多错误啊,然后我们就会变得非常气愤,导致孩子最初的行为没那么糟糕,最后却被父母弄复杂了。

(6)惩罚要及时。及时执行是确保惩罚有效的关键,小孩子是没有时间观念的,犯错之后就惩罚,他能立刻体会到后果,以后的记忆就会很深刻,而如果惩罚不及时,他有可能都忘记了父母处罚他的原因了,这样的惩罚效果就会弱很多,甚至没有效果。

惩罚不是目的,而是让孩子改正错误的手段。如果掌握不好,有可能对孩子造成极大的影响,所以惩罚孩子一定要慎之又慎,思考清楚有没有更好的惩罚方式,尽量不要选择打骂孩子。老是打骂孩子的父母只能说明他们缺乏教育的智慧。

12. 如何拒绝孩子

> 对孩子的要求,如果没有充分的理由加以拒绝,就应该给予满足;如果有不答应这种要求的理由,那就不允许他耍赖。一旦拒绝,就不要改变。
>
> ——康德

一天晚上,我和女儿在小区里遛弯儿时看到了这样的场景:一个小男孩正在玩脚踏车,这时候邻居奶奶带着孙女走了过来。孙女看到脚踏车,便又哭又闹地想要骑。出于疼爱孙女，奶奶便和那个小男孩商量能不能让她孙女玩一会儿。小男孩很懂事，就让给那个小女孩了。然而，时间到了之后，小男孩想要回脚踏车，小女孩却怎么也不下来。那个奶奶也丝毫没有批评孙女的意思，反而一直和那小男孩说"她比你小，你就让她多玩一会儿啊。玩够了，我们就给你了。"

女儿和我说："妈妈，你看，那个小女孩一点也不懂事。"

其实"不懂事"的并不是小女孩，而是她的奶奶，她这并不是疼爱她的孙女，她不懂得拒绝孩子的不合理要求，一味地以这种溺爱的方式助长孙女这样的个性，对她以后的身心发展会产生很大的不好的影响。

第一，不懂得如何拒绝孩子，会影响孩子正确积极价值观的形成。当孩子做出的事情是不利于自己身心成长或者是影响别人利益的时候，如果我们不及时加以拒绝，将会在潜移默化中影响他们后来的选择。

第二，不利于孩子提高自己的分析判断能力。小女孩因为年龄太小，无法分清是非，不知道自己的举动是不是合适，而奶奶同样也不加以纠正，这样就会让她觉得她的行为是没有问题的，以后遇到类似的事情，她依旧会这么做。

第三，不利于孩子学会自我控制。脚踏车是小男孩的，当小女孩要求骑的时候，奶奶能够拒绝她，并给她解释，这样她就会慢慢学会自我控制，不会再乱要别人的东西。

由此，我们应该可以明白不知道拒绝孩子的危害了。那么到底应该怎样拒绝孩子呢？

（1）坚持原则，并提前告知孩子。当孩子提出第一次不合理要求的时候，我们一定要坚持拒绝，刚开始有可能孩子会哭闹，不过这会让他们明白这样的要求家长是不会答应的，这样以后他自己心里就会有思考。

（2）即便孩子提出不合理要求，也应该理解并尊重他们。孩子的判断能力有限，这就要求我们尽可能地站在孩子的角度去考虑问题，与孩子多沟通，让他们敢于说出自己的真实想法。即便孩子的要求的确是不合理的，我们也不能横加指责，而是应该帮助他们分析事情，说明理由。

（3）控制自己的情绪，并且接纳孩子的情绪。我们应该清楚，拒绝孩子并不是惩罚他，不能因为孩子的不合理要求就冷落他。孩子的自我控制能力通常很差，很有可能因为父母的拒绝而哭闹、耍无赖等，这对于一个孩子来说是再正常不过的了。这时候，家长就应该做好两方面工作：一方面，安抚孩子的坏情绪，接受孩子的宣泄；另一方面，应该尽量让自己保持理智，千万不能情绪失控，对孩子进行言语或者行为上的攻击。这样，孩子往往在释放完坏情绪之后，也就能坦然接受家长的拒绝了。

（4）在拒绝孩子的同时，给他们一些合理化的建议。当孩子提出不合理要求的时候，往往也是家长帮助他们成长的好机会。身为家长，我们不能单纯加以拒绝，而要根据实际情况让孩子知道哪些事情可以做，哪些事情不能做。帮助孩子自我分析，引导孩子往更好的方向发展，这样会让父母与孩子之间的关系更加亲近。

拒绝并不一定就是伤害，正确的拒绝对于孩子来说其实是一次成长。学会如何拒绝孩子，是为了让他们生活得更加健康，这同样也是一位优秀的家长应该拥有的技能和财富。

13. 对孩子生气之前思考三秒钟

> 孩子最喜欢爱他的人……也只有爱才能培养他。当孩子看到并感觉到父母对自己的爱的时候，他会努力听话，不惹父母生气。
>
> ——捷尔任斯基

5岁的囡囡是个特别乖巧的小姑娘，一天早晨她因为不想去上学，所以就赖在床上不起来。眼看着上班时间马上就要到了，妈妈非常着急，大发雷霆，就打了囡囡几下。谁知道随后女儿一直喊肚子痛，而且不停冒汗。妈妈赶紧把女儿送到医院。但女儿终究因为脾破裂，抢救无效死亡。

3岁的男孩浩浩尿床。妈妈非常生气，于是就踢了他几下屁股，并罚他跪了一个小时。在罚跪的过程中，浩浩呼吸困难，并最终因为失血性休克合并创伤性休克在去医院的路上死亡。

这两个孩子多么让人感到惋惜，就因为一点微不足道的错误受到了家长的惩罚，并失去了自己的生命。而这两位不理智的妈妈在痛失自己孩子的同时，还将面临着牢狱之灾，不得不让人唏嘘。

试想，如果我们在生气的时候，给自己几秒的思考时间，这样的悲剧完全可以避免，然而说什么都晚了。为了避免类似的事情再次发生，在这里有必要与众多家长一起探讨一下这个问题。

没有人是不犯错的，孩子更会经常犯错。然而，孩子并不是我们的附庸品，他也是需要我们理解和尊重的独立个体，所以我们应该像尊重别人一样尊重他。固然，在他们成长的过程中，会出现各种各样的问题，会让身为父母的我们为难，然而换个角度思考，假如我们犯错了，我们希望别人怎么对待我们呢？肯定不会是训斥、责备或者否定。同样的，理解了这个问题，我们就更能理解孩子的感受了。生气之前多给自己一点时间考虑，也许你就能找到更好的解决办法了。

那么，我们怎样才能在孩子犯错误的时候，调节自己的生气情绪呢？

首先，平时在生活中，我们就要养成这样的习惯。任何习惯的养成，都不是一蹴而就的，需要一个漫长的过程，所以平时我们在说话做事的时候，就要注意稍微多思考一会儿，这样不仅能够使我们的决定更加科学合理，也有利于我们养成温和理性的品质。这样在孩子犯错误的时候，我们就不会那么冲动，朝孩子生气发火了。

其次，我们还要充分了解孩子的行为。孩子因为比较幼稚，做出来的事情也会比较幼稚，这其实正是他们成长的特点。只有我们了解了他们的成长规律之后，才能对他们有个客观准确的评价，这样我们就能大大减少向孩子发脾气的次数。

通过自己的努力，在孩子犯错的时候尽量不发脾气，这样孩子也能受到我们的影响，越变越好。

其实，当我们忍不住发脾气的时候，问题有时并不出在孩子身上，而是在我们自己身上，所以当我们感觉快要控制不住的时候，不妨这样做：

（1）先克制一下，尽量做到态度平和；

（2）走到孩子面前，蹲下来，尽量保持与他一样的高度，然后看着他；

（3）平静地告诉孩子他做错了什么，并告诉他应该怎么去做。

这个方法有助于控制住我们的怒火，同时有利于维护我们的威严，使孩子意识到自己的错误。

当然，身为父母，我们必须做孩子的榜样，如果我们事后意识到当时对孩子发的脾气是不对的，就应该勇于向孩子道歉，这样才能让孩子信服我们。

14. 鼓励孩子大胆表达自己的想法

> 要教育好孩子，就要不断提高教育技巧。要提高教育技巧，那么就需要家长付出个人的努力，不断进修自己。
>
> ——苏霍姆林斯基

林克莱特是美国著名节目主持人，一天他访问一个小男孩，问他长大以后想做什么。小男孩天真地说："我要当飞行员。"接着，林克莱特又问他："如果有一天，飞机正飞着，突然没油了，你会怎么办？"小男孩仔细想了一会儿，然后说："我先告诉乘客们绑好安全带，然后我用降落伞先跳下去。"

小男孩说得很肯定，不过他这番话让现场的观众哈哈大笑。林克莱特没有笑，而是继续注视着这个孩子，发现他早已热泪盈眶，于是继续问他："你为什么这样做呢？"孩子嘟囔着说出了自己真实的想法："我要回去拿燃料，然后我还会再回来。"听完这句话，现场响起了经久不息的掌声。

林克莱特之所以能够那么成功，一个非常重要的原因就是不管嘉宾的观点如何，也不管嘉宾是总统、明星、富豪，还是孩子、乞丐，甚至是犯人，他都会鼓励他们大胆说出自己的想法。

语言是人们表达自己意思和感情的重要途径，良好的表达能力能够让人与人之间的沟通更加顺畅有效。孩子正处于一个特殊的阶段，表述能力有时候还比较弱，为了慢慢加强孩子的表述能力，家长需要引导孩子爱说、擅长说、敢说自己的想法。

引导孩子大胆表达自己的想法。首先，我们要对孩子说的话表示兴趣。孩子说的话经常没有逻辑，天马行空，一些忙碌的家长就会采用敷衍甚至不理不睬的态度去应付，这样会让孩子有挫败感，会失去继续说话的兴趣，变得沉默。而如果父母对孩子说的话表示出浓厚的兴趣，并且做出愿意继续探讨的姿态，这会让他们觉得自己受到了重视，会变得更加自信，自然而然也就愿意多和父母说话沟通。

其次，与孩子交流的时候，多听少说，尽量让孩子掌握说话的主动权。很多时候，家长与孩子之间出现沟通问题一个很严重的原因，就是因为我们没有充分了解孩子的真实想法，这就要求以后再和孩子沟通的时候千万不要急着判断，而是应该用耐心、鼓励、亲切的心态去倾听，从而让孩子愿意敞开心扉。当然，多听少说并不是我们不说，而是要经常给他们一点回应，这样他们才会觉得自己受到尊重。

再次，我们必须引导孩子思考，允许他们提出不同的意见。每个人的思维都不一样，孩子年龄再小，也会有自己的想法，也渴望让别人认同自己的想法。身为父母，我们应该鼓励孩子提出不一样的想法，不管是对是错，都值得我们表扬。正确的想法，我们加以利用，并且不吝惜自己对孩子的赞美，即便想法是错误的，我们也应该心平气和地给他们解释，这样孩子才会坦然接受，才会在以后的生活中敢于思考。

除此之外，我们还可以通过两方面的努力为孩子创造良好的说话环境：

（1）营造和谐的家庭成员之间的对话。家长是孩子最好的老师，是孩子学习的榜样，为了鼓励孩子大胆说出自己的想法，家庭成员之间必须平等和谐，可以充分表达思想。为了达到良好的效果，家长可以每周安排一次家庭会议，所有人都可以畅所欲言。

（2）排除一些不利于孩子说话的障碍。时代环境、经历、观念等的不同，往往会造成上一辈人与下一辈人之间出现沟通障碍和矛盾，我们将这种现象称之为"代沟"。事实上，之所以会出现沟通，根本的原因还是彼此之间沟通出现了问题，或者说双方都只站在自己的立场上思考问题，而不考虑对方的感受。为了解决这个障碍，我们就必须增进与孩子之间的了解。

最后，我们还可以通过鼓励孩子朗读文章的方式来让孩子大胆说话，这样不仅仅可以锻炼他们的口才，更重要的是可以丰富他们的词汇，让他们能更精确地表达自己的意思。

15. 让孩子从小有阅读的习惯

或许只有童年读的书，才会对人生产生深刻的影响。

——格雷厄姆·格林

美国一个研究员用了二十多年的时间，对二百多名学生进行了针对性的研究，结果发现那些从小就有良好阅读习惯的学生更加容易融入主流社会，而那些没有良好阅读习惯的人则普遍只能生活在社会底层。

著名儿童作家《苏菲的世界》的作者乔斯坦·贾德说过这样一句话：明智的家长会在把孩子生活照顾好的同时，再为他们选择一些好书，放到他们卧室去。诚然，阅读可以丰富我们的知识，也可以让我们的身心得到安宁，如果从很小的时候就开始培养孩子良好的阅读习惯，那么长大之后，他们更有可能施展自己的才华。然而，由于孩子的自控力通常不是很好，没有办法长时间集中在一件事情上，所以想要培养他们良好的阅读习惯并不是一件很容易的事情。那么，怎么才能激发孩子阅读的兴趣呢？

（1）营造一个适合读书的环境和氛围。一个人兴趣的培养，环境很重要，孩子的辨别能力有限，更需要一个良好的环境，孟母三迁说的就是这个道理。营造一个温馨舒适的家庭氛围，有利于培养孩子健康积极的优良品质，同时更有利于培养孩子爱好读书的习惯。试想，如果家长在房间内摆放了大量的书而不是玩具，那么孩子自然在潜移默化中对书本产生兴趣。

（2）陪伴孩子读书是培养孩子阅读习惯的有效途径。如果父母双方平时都不太读书，那么想要让孩子热爱读书无疑是非常困难的，而如果父母喜欢读书，在平时的日常生活中，孩子也会深受影响。当然孩子天性好动，所以在他们阅读时候，我们可以做一些亲子活动，比如选择一些有意思的内容，陪他一起阅读，或者当孩子阅读完一篇文章之后，鼓励孩子说出自己的一些想法，这样会让他们觉得自豪。在陪伴他们阅读的时候，如果他们说错了，也不必上纲上线，刻板纠正，而要通过别的温和的方式指出来。

（3）为了能够更好地陪孩子读书，我们可以制定一些互动环节，比如，每天在规定时间、地点读书，与孩子保持同一个姿势读书等。这样读书会让人产生一种仪式感，会让孩子每天都充满期待。

（4）常带孩子走进书店或者图书馆。它们就像是一个博物馆，里面有各种各样的图书，品种繁多，门类齐全。在这里，小孩子可以随意翻阅，并寻找自己感兴趣的书籍。相对于父母选购的书，他们肯定更喜欢自己挑选的。所以，我们不要过多干涉孩子的选择，只需要在必要的时候给予一些指导就好。

任何习惯的养成都不是一朝一夕的，而由于孩子的爱玩天性，要想培养他们的良好阅读习惯更不是一件容易的事情，需要家长长期的坚持。积极引导孩子的阅读习惯，让孩子对书籍产生兴趣，这样才能使得他们真正热爱读书。

情商测试题（10）

儿童情商测试题

想要更好地了解孩子的情商，我们来看看下面这些儿童情商测试题吧，一定能让你更好地了解到你家宝贝的情商。

1. 在游戏活动中我总觉得身体很灵活。
    A. 是　　　　B. 不是

2. 看到别的伙伴有新玩具,我一定要父母也给我买一个。
    A. 是　　　　B. 不是

3. 我可以较长时间的思考一个问题
    A. 是　　　　B. 不是

4. 对于自己熟悉的事情,我能很快地完成。
    A. 是　　　　B. 不是

5. 碰到烫的东西我能很敏捷地缩手。
    A. 是　　　　B. 不是

6. 我宁愿放弃一部分玩的时间来多学一种乐器。
    A. 是　　　　B. 不是

7. 即使现在很饿,我也能等爸爸妈妈都坐好了再一起吃饭。
    A. 是　　　　B. 不是

8. 吃饭时我总是先把自己喜欢的吃完,最后剩下很多不喜欢吃的饭菜。
    A. 是　　　　B. 不是

9. 我玩耍时通常一直玩到累得筋疲力尽为止。
    A. 是　　　　B. 不是

10. 我常常能忍住不发火。
    A. 是　　　　B. 不是

11. 我的四肢感觉伸展自如,不僵硬。
    A. 是　　　　B. 不是

12. 跳舞时我的动作很协调。
    A. 是　　　　B. 不是

13. 我一高兴起来就很难平静下来。
    A. 是　　　　B. 不是

14. 对于较难的问题，我会花更多的时间去思考，然后再动手做。

    A. 是　　　　B. 不是

15. 做作业时，我总是想清楚了再动笔。

    A. 是　　　　B. 不是

16. 我现在花时间学知识，是为了得到父母的表扬。

    A. 是　　　　B. 不是

17. 每天我都觉得很高兴。

    A. 是　　　　B. 不是

18. 当有两样我都喜欢的东西只能选择一样的时候，我会很难做出选择。

    A. 是　　　　B. 不是

19. 父母如果不答应我的要求，我常常会大哭大闹。

    A. 是　　　　B. 不是

20. 我相信自己即使面对一个难题，也能很快做出解答。

    A. 是　　　　B. 不是

计分办法

下表的积分栏中，如果A=1，B=0；则表示这道题选A得1分，选B得0分，其他题依此类推。

1. A=1；B=0　　　　11. A=1；B=0

2. A=0；B=1　　　　12. A=1；B=0

3. A=1；B=0　　　　13. A=0；B=1

4. A=1；B=0　　　　14. A=1；B=0

5. A=1；B=0　　　　15. A=1；B=0

6. A=1；B=0　　　　16. A=0；B=1

7. A=1；B=0　　　　17. A=1；B=0

8. A=0；B=1　　　　18. A=0；B=1

9. A=0；B=1　　　　19. A=0；B=1

10. A=1；B=0   20. A=0；B=1

参考评语

0~5分：显示孩子的自我控制力弱，可能是孩子大脑发育水平或日常行为习惯不良所致。得分处于这一分数段的孩子缺乏控制自己行为、情绪以及认知活动的能力，即孩子可能是缺乏高级运动的能力，不能完成一些精细运动，或是较为缺乏情绪控制力，不能控制自己的情绪经常大哭大闹产生偏激情绪，或是缺乏思维控制力，不能估计出自己完成一项思维活动对所需要的时间或步骤。

5~10分：显示孩子的自我控制力较弱，可能是孩子大脑发育水平或日常行为习惯不良所致。得分处于这一分数段的孩子较为缺乏控制自己的行为、情绪以及认知活动的能力。孩子可能是较为缺乏高级活动的能力，不能很好地完成一些精细运动，或是较为缺乏情绪控制力，不能较好地控制自己的情绪。有时可能会大哭大闹产生偏激情绪，或是较为缺乏思维控制力，不能比较准确地估计出自己完成一项思维活动对所需要的时间或步骤。

11~15分：显示孩子的自我控制力较强，其大脑发育水平或者日常行为习惯较好。得分处于这一分数段的孩子能较好地控制自己的行为、情绪以及认知活动的能力。孩子具有很好的运动能力，可以完成一些精细运动，具有很好的情绪控制力，能很好地控制自己的情绪，不会出现过分偏激的情绪体验，具有很好的思维控制力，能够准确地计算出自己完成一项思维活动对所需要的时间或步骤，具有比较成熟的自我控制力。

（全书完）